禾泸水流域水生态建设

姚 娜 张 萌 著

中国环境出版集团·北京

图书在版编目（CIP）数据

禾泸水流域水生态建设/姚娜，张萌著. —北京：中国环境出版集团，2023.9

ISBN 978-7-5111-5612-9

Ⅰ. ①禾… Ⅱ. ①姚…②张… Ⅲ. ①水库—流域—区域生态环境—生态环境建设—研究—莲花县 Ⅳ. ①X321.256.4

中国国家版本馆 CIP 数据核字（2023）第 174673 号

出 版 人　武德凯
责任编辑　韩　睿
封面设计　彭　杉

出版发行　中国环境出版集团
（100062　北京市东城区广渠门内大街 16 号）
网　　址：http://www.cesp.com.cn
电子邮箱：bjgl@cesp.com.cn
联系电话：010-67112765（编辑管理部）
发行热线：010-67125803，010-67113405（传真）

印　　刷　北京建宏印刷有限公司
经　　销　各地新华书店
版　　次　2023 年 9 月第 1 版
印　　次　2023 年 9 月第 1 次印刷
开　　本　787×960　1/16
印　　张　11.75
字　　数　170 千字
定　　价　80.00 元

著者名单

刘足根　万　莹　胡林凯　吴俊伟

周　憨　吴苏青　朱佳琪　吴俊伟

游艳萍　邹夏峰　郑　琪　刘永轩

禾泸水流域位于湘赣交界的罗霄山脉东麓，流域面积 9 103 km^2，海拔跨度 44～2 120 m，为我国重点生态功能区和生物多样性优先保护区，是我国著名的红色革命圣地——井冈山所在地，曾经是我国重点生态扶贫区。

禾泸水流域森林繁茂、生物多样性丰富，生态功能极为重要，是目前江西唯一的世界生物圈保护区所在流域，流域内的井冈山还被列入世界遗产预备名录，是《中国生物多样性保护战略与行动计划（2010—2030 年）》的 32 个优先保护区域之一，也是《江西省生物多样性保护战略与行动计划（2013—2030 年）》的五大生物多样性关键区域之一（赣西罗霄山脉亚热带高山常绿阔叶林和针阔混交林生物多样性关键区域）及 2 处省级生物多样性优先区域所在地（罗霄山脉之武功山中亚热带针阔混交林区、万洋山中亚热带常绿阔叶林区）。流域内拥有国家级自然保护区 1 处、国家自然遗产地 1 处、国家森林公园 2 处、省级森林公园 2 处、省级自然保护区 5 处、县级自然保护区 18 处，并拥有全国 10.85%的种子植物物种、6.4%的兽类、14.15%的淡水鱼类（占全省鱼类种类的 93.33%）。以植物为例，该流域的植物区系极为丰富，迄今已发现中国特有植物属至少 44 属，中国特有植物种至少 1 146 种，包括极危、濒危、易危、近危，或珍贵、稀有在内的高等植物共计 201 种。此外，还有珍稀濒危保护动物 100 余种。该流域各类珍稀濒危植物种类多、濒危等级高，具有极高的保护价值；整体上，区域内珍稀濒危植物的种类、数量与峨眉山区相当，而远高于武夷山区和太白山区。除生物多样性丰富之外，河流水质优良，有被纳入国家水质较好湖泊名录的湖库 1 处（武功湖，水域面积 20 km^2，水质Ⅱ类），禾泸水系多年水质达标率位居江西省前列，水质多为Ⅱ类，是全国丘陵平原区为数不多的污染程度不高的清洁水系之一。

然而，随着区域社会经济的快速发展，生产生活方式不断改变，滨河城镇大量的营养物质不断输入禾泸水系，使得部分河段水体富营养化趋势日趋明显，区域水环境质量退化依然惊人。部分河段甚至达到Ⅳ类水质，水环境破坏趋势不容忽视；而水环境污染与部分区域水质性缺水，已制约了当地社会经济的可持续发展和脱贫致富，也影响了区域水生态环境的保护和区域绿色崛起。

自流域内国家级和省级自然保护区陆续成立以来，禾泸水流域生态环境保护和生态脱贫得到党和国家各级领导的高度重视。自 1985 年以来，先后有江泽民、胡锦涛、温家宝、李克强、习近平等党和国家领导人亲临吉安井冈山等禾泸水地区视察。2016 年 2 月，习近平总书记亲临吉安禾泸水流域的井冈山等地，对区域精准扶贫和绿色发展等作出重要指示。习近平总书记连用三个“最”——“最大财富、最大优势、最大品牌”来形容江西绿色生态，要求江西“做好治山理水、显山露水的文章”，走出一条经济发展和生态文明水平提高相辅相成、相得益彰的路子。

本书从生态环境现状及主要问题诊断分析、生态环境保护目标方案、流域社会经济调控方案、流域水土资源调控方案、流域水污染控制与污染物削减方案、生态系统调控方案、流域生态安全管理方案等方面着手，精准进行问题诊断，制定可行性目标，开具诊断方案，从而为禾泸水流域生态环境保护、流域“三水统筹”，以及美丽河湖建设奠定科学基础。

由于时间仓促，本书难免存在诸多不足之处，恳请读者批评指正。

目录

第1章 生态环境保护总体方案设计

1.1　方案编制背景

水安全关系每个国人的健康与生命安全，关系中华民族赖以生存的家园。这些年来水环境质量差、水生态受损严重困扰着九州大地上的中华儿女。为切实加大我国水污染防治力度，保障国家水安全，推进“蓝天常在、青山常在、绿水常在”的美丽中国建设，国务院于 2015 年 4 月 2 日印发《水污染防治行动计划》（国发〔2015〕17 号，以下简称“水十条”），提出 10 条、35 款、76 项、238 个具体措施，使政府、企业、公众“拧成一股绳”，向水污染宣战。“水十条”出台时机可谓恰逢其时，明确要求“对江河湖海实施分流域、分区域、分阶段科学治理”，将以环境质量为核心，对区域性、流域性等水体抓好差两头，尽一切力量保护好饮用水水源地等优质水体稳定达标、持续改善。

2015 年 9 月，中共中央、国务院印发《生态文明体制改革总体方案》，该方案被视为生态文明各领域改革的纲领性文件，阐明了我国生态文明体制改革的指导思想、理念、原则、目标、实施保障等重要内容，提出要加快建立系统完整的生态文明制度体系。此方案设定了我国生态文明体制改革的目标，也就是在“十三五”期间，构建起由自然资源资产产权制度、国土空间开发保护制度、空间规划体系、资源总量管理和全面节约制度、资源有偿使用和生态补偿制度、环境治理体系、环境治理和生态保护市场体系、生态文明绩效评价考核和责任追究制度八项制度构成的生态文明制度体系。

2015 年 10 月底，环境保护部对外公布《国家环境保护“十三五”规划基本思路》，初步提出 2020 年及 2030 年的两个阶段性目标，“十三五”期间，建立环境质量改善和污染物总量控制的双重体系，实施大气、水、土壤污染防治行动计划，实现三大生态系统全要素指标管理；提出“要以质量改善为核心，优化和完善主要污染物总量控制指标体系”。

江西省作为水环境总体较好的省份，在快速工业化的进程中面临越来越严峻的水污染困境。近年来鄱阳湖水质逐渐恶化，达标率显著下降。为避免走“先污染、后治理”的老路，引导社会经济与生态环境协调可持续发展，建设全国生态文明先行示范区江西样本，江西省政府于2015年12月31日印发《江西省水污染防治工作方案》（赣府发〔2015〕62号），主要任务中明确要“全力保障饮用水水源安全，强化河湖水生态安全保护，整治城市黑臭水体，保障水生态环境安全”。

为推进“水十条”和国家“十三五”环境保护相关规划重大项目实施，环境保护部和财政部2016年2月3日联合紧急下发《环境保护部　财政部关于开展水污染防治行动计划项目储备库建设的通知》（环规财〔2016〕17号），要求各地根据《水污染防治行动计划项目储备库建设工作方案》，结合本地实际情况，制定本行政区域省级储备库建设工作方案并在此基础上积极申报中央储备库。2016年3月15日，江西省环保厅和财政厅下发《关于江西省水污染防治行动计划项目储备库建设工作方案的通知》（赣环财字〔2016〕7号），指导地方各县（市）开展各级储备库建设。

这项工作将改变各级环保部门长期以来不善孕育项目、“拍头式”报送项目甚至无项目的被动且不成熟的工作局面，这将使各级环保事业健康有序发展，迎来环保事业新的春天和体制机制上的重大革新。

为积极推进“水十条”、《江西省水污染防治行动计划》，江西省实施“十三五”环境保护相关规划重大项目，规范项目管理，提高资金使用效益，依据《环境保护部　财政部关于开展水污染防治行动计划项目储备库建设的通知》（环规财〔2016〕17号）等文件精神，着力开展禾泸水流域水生态环境保护的总体方案设计，精心规划编制重点流域禾泸水水污染防治储备库建设方案。禾泸水流域位于湘赣交界的罗霄山脉东麓，流域面积9 103 km^2，海拔跨度44～2 120 m，为我国重点生态功能区和生物多样性优先保护区，是我国著名的红色革命圣地“井冈山”所在地，曾经是我国重点生态扶贫区，是江西省乃至全国的重要生态屏障区和红色文化发源核心区，政治区位敏感且突出，区域的生态环境健康需要开展积极、富有成效且深入细致的保护工作，为夯实生态扶贫的治理基础设施奠定坚实的基础。

1.2　指导思想与编制原则

1.2.1　指导思想

深入贯彻党的十八大和十八届三中、四中、五中、六中全会及习近平总书记系列重要讲话精神，将生态文明建设和生态扶贫有机结合，以稳步改善水环境质量为核心，实施分流域、分区域、分阶段科学治理，强化水污染源头治理，系统推进水污染防治、水生态保护和水资源管理。坚持政府市场协同，注重改革创新；坚持全面依法推进，实行最严格的环保制度；坚持实施“河长制”，严格各地各部门考核问责；坚持全民参与，推动节水洁水人人有责，形成“政府统领、企业施治、市场驱动、公众参与”的水污染防治新机制，实现环境效益、经济效益与社会效益多赢，为全国生态文明先行示范区的建设不懈奋斗。

在加强顶层设计的指导思想下，及早谋划“十三五”水污染防治重点项目，建立“水十条”项目储备库，提高水污染防治项目储备能力，争取使项目纳入中央项目储备库；建立项目动态调整机制，全面反映项目实施情况，保障水污染防治重点工作任务顺利完成。提前做好可行性研究、评审、招投标、政府采购等前期准备工作，确保预算一旦批复或下达，项目即可落地，这样投资就能尽早发挥环境效能。

1.2.2　编制原则

（1）统筹规划，突出重点。各地应按照本区域经济社会发展和环境保护相关规划，结合项目实施基础及水环境现状、问题及保护目标，统筹安排水污染防治项目实施。入库项目应以解决本区域突出的水环境问题为重点，优先考虑纳入省级以上相关规划和计划的重大工程项目。

（2）分级建设，择优支持。区分各级政府事权，“水十条”项目储备库按省级项目储备库、地市级储备库分级建设和管理。地市级储备库建设以地市级环保局、财政局为主，自行组织项目库申报和审核；省级储备库建设以省环保厅、财政厅为主，项目来源于地市级，省级财政资金对省级储备库择优支持并支持纳入中央储备库的项目。

（3）合理排序，动态管理。入库项目应根据项目前期工作和实施进展，按照轻重缓急、择优遴选的原则进行合理排序，对延续项目和当年未安排的项目实行滚动管理。储备库中项目信息应定期补充和更新，补充符合相关要求的项目，同时调出不再符合储备范围、无法实施的项目，形成“建成一批、淘汰一批、充实一批”的良性循环机制。

（4）有效激励，严格约束。建立完善的激励约束机制。对实施进度较快、资金效益较好的项目，加大支持力度；对实施进度较慢、资金效益较差的项目，限期整改，对连续两年未安排使用的结转资金，由同级财政部门收回统筹使用。

（5）强化监管，注重效益。加强中央资金的监管，保障资金使用的合理合法，并注重投资的生态环境效益、社会效益和经济效益的产出。每年度对中央和省级投资的储备库项目进行投资效益产出比评估，形成“面向效益，社会认可，公众感知”的水污染防治良性机制。

1.3　实施范围、实施时段及重点控制片区

1.3.1　实施范围

方案涉及范围为整个禾泸水流域，总面积达 9 130 km^2，包括武功湖、禾水、泸水和牛吼江等。

1.3.2　实施时段

实施时限：2016—2019 年。

1.3.3　重点控制片区

重点控制片区的确定综合考虑禾泸水流域社会经济发展特征、水污染特征、区域未来发展战略及水污染防治需求等因素，在全流域框架下统筹设计、结合水质实际情况予以确定。

1.4　编制依据

1.4.1　有关法律、法规、条例及规范性文件

- 《中华人民共和国环境保护法》（2019 年 8 月 26 日修订）
- 《中华人民共和国水法》（2016 年修正）（2016 年 7 月 2 日通过，主席令第四十八号）
- 《中华人民共和国水土保持法》（2011 年 3 月 1 日）
- 《中华人民共和国城乡规划法》（2019 年修正）（2019 年 4 月 23 日）
- 《中华人民共和国土地管理法》（2019 年修正）（2019 年 8 月 26 日）
- 《中华人民共和国河道管理条例》（2018 年 3 月 19 日）
- 《中华人民共和国森林法实施条例》（2018 年 3 月 19 日）
- 《国务院关于加强环境保护重点工作的意见》（国办发〔2011〕35 号）
- 《饮用水水源保护区污染防治管理规定》（2010 年 12 月 22 日修正）
- 《建设项目环境保护管理办法》（2017 年 7 月 16 日修订）
- 国务院办公厅转发环保总局等部门《关于加强农村环境保护工作意见的通知》（国办发〔2007〕63 号）
- 《关于实行“以奖促治”加快解决突出的农村环境问题实施方案》（国办发〔2009〕11 号）

- 中共中央、国务院《关于加快推进生态文明建设的意见》（2015 年 4 月 25 日）
- 《国务院关于印发水污染防治行动计划的通知》（国办发〔2015〕17 号）
- 财政部、环境保护部《关于印发〈中央农村环境保护专项资金管理暂行办法〉的通知》（财建〔2009〕165 号）
- 《关于印发〈水污染防治专项资金管理办法〉的通知》（财建〔2015〕226 号）
- 六部委《关于印发江西省生态文明先行示范区建设实施方案的通知》（发改环资〔2014〕2508 号）
- 环境保护部、财政部《关于印发〈中央农村环境保护专项资金管理环境综合整治项目管理暂行办法〉的通知》（环发〔2009〕48 号）
- 环境保护部《关于进一步加强农村环境保护工作的意见》（环发〔2011〕29 号）
- 《国务院关于加强环境保护重点工作的意见》（国办发〔2011〕35 号）
- 《江西省环境保护条例》（2009 年 1 月 1 日修订）
- 《关于印发江西省水污染防治工作方案的通知》（赣府发〔2015〕62 号）
- 《江西省省级环境保护专项资金管理办法》（赣财建〔2004〕177 号）
- 《中共江西省委　江西省人民政府关于建设生态文明先行示范区的实施意见》（赣发〔2014〕26 号）
- 省委办公厅、省政府办公厅《关于成立省生态文明先行示范区建设领导小组的通知》（赣办字〔2015〕6 号）

1.4.2　有关标准和规范

- 《地表水环境质量标准》（GB 3838—2002）
- 《自然保护区工程项目建设标准》（试行）（2002 年 11 月 1 日发布）
- 《自然保护区管护基础设施建设技术规范》（HJ/T 129—2003）
- 《自然保护区工程设计规范》（LY/T 51260—2004）

- 《国家林业局关于加强自然保护区建设管理工作的意见》（林护发〔2005〕55 号）
- 《国务院办公厅关于加强湿地保护管理的通知》（国办发〔2004〕50 号）
- 《农村环境连片整治技术指南》（征求意见稿）
- 《江西省水（环境）功能区划》（2006 年 7 月）
- 《江西省生态功能区划》（2007 年）
- 《江西省生态保护红线划分方案》（2016 年 3 月）

1.4.3 其他文件资料

- 《中国生物多样性保护战略与行动计划（2011—2030 年）》
- 《水质较好湖泊生态环境保护总体规划（2013—2020 年）》
- 《全国生态环境建设规划（1999 年）》
- 《江西省生物多样性保护战略与行动计划（2013—2030 年）》
- 《中国 21 世纪议程——林业行动计划》
- 《全国野生动物保护和自然保护区建设工程总体规划》
- 《环境保护部　财政部关于开展水污染防治行动计划项目储备库建设的通知》（环规财〔2016〕17 号）
- 《江西省自然保护区建设与发展规划（2012—2030 年）》
- 《罗霄山片区区域发展与扶贫攻坚规划（2011—2020 年）》
- 《吉安市统计年鉴》（2008—2015 年）
- 《吉安市国民经济和社会发展第十三个五年规划纲要》
- 《安福县国民经济和社会发展第十三个五年规划纲要》
- 《永新县国民经济和社会发展第十三个五年规划纲要》
- 《井冈山市国民经济和社会发展第十三个五年规划纲要》

1.5 内容设置与技术路线

1.5.1 内容设置

本书紧紧围绕禾泸水流域水污染防治的总体目标，以“1 目标+5 措施+1 重点工程+1 长效机制”总体思路为指导，设置如下内容：

（1）禾泸水流域概况。

（2）禾泸水流域生态环境现状研究及保护形势分析。

（3）禾泸水流域生态建设目标解析。

（4）禾泸水流域社会经济调控。

（5）禾泸水流域水土资源调控。

（6）禾泸水流域水污染削减控制。

（7）禾泸水流域水生态系统调控。

（8）禾泸水流域生态安全管理。

（9）禾泸水流域水生态建设工程。

（10）效益与目标可达性分析。

（11）组织实施与保障措施。

涉及四大类的重点工程设置，分别为：

（1）流域生态环境状况调查与评估类。

（2）流域污染源治理类。

（3）流域生态修复与保护类。

（4）环境监管能力建设类。

1.5.2 技术路线

本书技术路线见图 1.1。

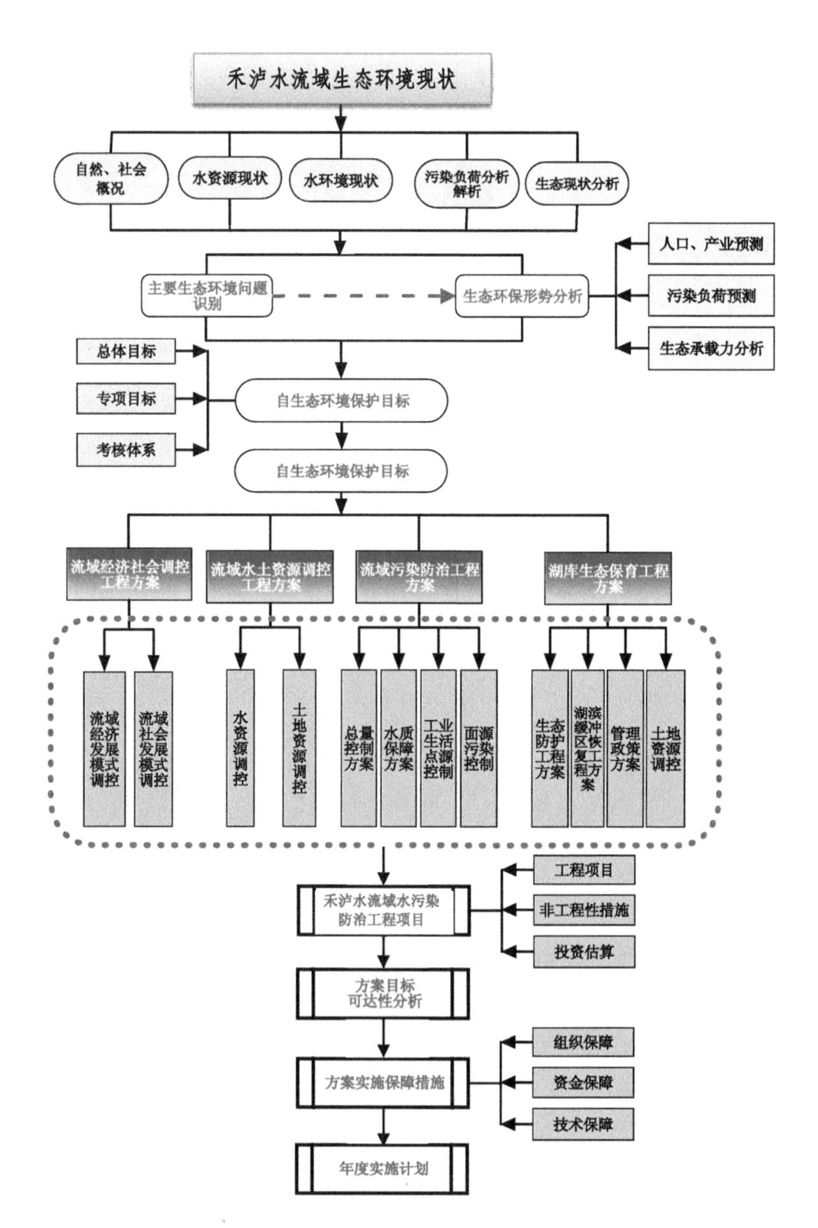

图 1.1　禾泸水流域水污染防治总体方案技术路线

第2章

流域概况

2.1　区域位置

2.1.1　地理位置

禾水是赣江一级支流，发源于武功山南麓莲花县高洲乡东北部的塘坳里高天岩，在吉州区古南街道神岗山入赣江。流域地处赣江中游，吉泰盆地西南缘。莲花县境至永新县的龙田镇称莲江，永新县龙田镇至吉州区曲濑乡江口称禾水，至吉州区曲濑乡江口与泸水汇合又俗称禾泸水。禾泸水流域位于东经 113°53′～114°56′，北纬 26°39′～27°37′，流域总面积 9 103 km^2，主河道长 256 km。流域北岭麻山水、南坑水、袁水及其支流、同江、横石水，陈山山脉横贯其中，构成干流与支流泸水的分水岭。

2.1.2　水资源特征

2.1.2.1　河网密度

禾泸水流域的河网密度以＜0.05 km/km^2 为主，其次是 0.05～0.1 km/km^2、＞0.5 km/km^2。

2.1.2.2　径流量

禾泸水流域雨季（4—9 月）径流量占年径流量的 67%～70%，最大月径流量均在 4 月和 7 月。4—6 月径流量占全年总径流量的 48.5%，4—9 月径流量占全年总径流量的 70.8%。最大、最小月径流量分别为 3 204 万 m^3、420 万 m^3（表 2.1）。

表 2.1　禾泸水流域年均径流量、月径流量　　单位：万 m^3

河流	1 月	2 月	3 月	4 月	5 月	6 月	7 月	8 月	9 月	10 月	11 月	12 月	全年
禾泸水	875	1 051	1 959	3 204	1 776	2 322	2 559	1 620	1 488	1 933	420	434	19 641

2.1.2.3 水资源量

禾泸水流域地表水及地下水资源丰富，多年平均年水资源量为 77.7 亿 m^3。水力资源理论蕴藏量21.84万kW，技术可开发量12.29万kW（其中干流4.13万kW）、经济可开发量10.34万kW（其中干流4.13万kW），已开发总装机容量8.29万kW。

2.2 流域自然地理和社会经济概况

2.2.1 自然地理概况

2.2.1.1 地形地貌

流域位于罗霄山脉中段的万洋山与武功山余脉、吉泰盆地西南缘，地势西高东低；上游山岭陡峻，中游低山丘陵相间，下游为平原区。流域地处华南地层区，构造单元为赣中南隆赣州—吉安凹陷，井冈山—陈山隆断束，构造变动较为强烈，地质年代为新生代第四纪、中生代白垩纪、晚古生代泥盆纪、早古生代寒武纪。山川河谷间主要分布石英砂岩、粉砂岩、千枚岩、页岩、片麻状白云母花岗岩等。文竹（永新）—峡江大断裂，向北东东—北东向延伸，南面端沿入湖南省茶陵县境，省区延长达 170 m。地震烈度小于Ⅵ度。

2.2.1.2 气候环境

流域属中亚热带湿润季风气候区，气候温和，雨量充沛，光照充足。区内多年平均气温 18.1℃，极端最低气温为-8.0℃，极端最高气温为 40.3℃，相对湿度78.7%。多年平均年降水量 1 595 mm，年最大降水量 2 020 mm，年最小降水量888 mm，降水量季节分布不均，雨量集中在 4—6 月，降水量约为全年总雨量的50%。多年平均年水面蒸发量为 880 mm，年日照时数 1 653.7 h，全年无霜期 275 d。流域境内季风明显，冬季多为偏北风，夏季多为偏南风。

流域罗霄山区是江西多雨地区之一。暴雨多、范围广、强度大，极易形成大洪水或特大洪水，对工农业生产和人民生活及生态环境破坏很大。有记录以来的资料显示，流域罗霄山区出现干旱年 19 次，旱情比较严重的有 6 次，特大干旱年（如 1963 年、1965 年、1986 年、2003 年）成灾面积均近 6 万 hm^2。“水灾一条线，旱灾一大片”是流域水旱灾害的显著特征。

2.2.1.3 流域水系

禾泸水流域是由禾水和泸水，以及一系列呈网状支流组成的似树状的区域，禾泸水流域主干流长 256 km，流域总面积 9 103 km^2，约占江西省土地总面积的 5.45%。禾泸水流域上游源头至漫坊村称为东莲江，有固源水、邑田水、玉带溪、西源水、琴水 5 条主要支流汇入。

禾泸水流域中下游为永新县龙田乡砻山口以下河段，该段过砻山口进入龙田平原，过九西湾进入双江口盆地，过洋湖峡谷进入县城禾川镇、埠前、石桥盆地。进入吉安县后又穿行于天河、敖城、指阳等山川峡谷至永阳平原河面渐宽，出永阳镇后与泰和县石山乡隔江相望，过石山平原又折而进入吉安县横江、高塘、吉州区曲濑平原，在吉州区曲濑乡江口纳泸水，于吉安市城区南面的古南街道神岗山自左岸汇入赣江。中游段河床多为卵石、漂砾石，局部河段还有暗礁，河宽在 140 m 左右。下游平原区植被较差，山岭略有秃露，稍有水土流失，河床多由卵石、粗细沙组成，河宽在 200 m 左右。

禾水中下游支流众多，流域面积 100 km^2 及以上的一级支流有 13 条，二级支流有 9 条，三级支流有 3 条。其中宁冈水、牛吼江、泸水为较大支流。①宁冈水，原名胜业水，发源于革命圣地井冈山黄洋界西麓拐湖西北，流域面积 922 km^2。流经井冈山市大陇、龙市、古城等乡镇，在中江坪进入永新县三湾乡境。宁冈水出三湾后于江畔乡双江口汇入禾水。②牛吼江，古称禾溪，又名溰江，发源于井冈山上井，流域面积 1 062 km^2。流经井冈山市罗浮、厦坪、拿山和泰和县高市、湛口、禾市等乡镇，于泰和螺溪乡王家坊汇入禾水。③泸水，发源于武功山泸潇山麓，且因此得名，是禾水的最大支流，流域面积 3 400 km^2。流经安福县大布、钱山、洋溪、严田、横龙、江南、平都、枫田、竹江 9 个乡镇，在竹江乡洋口村纳洲湖水（又名陈山水）进入吉安县浬田镇，流经吉安县固江、梅塘和吉州区兴桥等乡镇，于吉州区曲濑乡江口汇入禾水。

禾水、泸水于吉州区曲濑乡江口合流后俗称禾泸水，向东流至105国道禾埠桥下游折向南，而后在吉州区古南街道神岗山复向东汇入赣江。入赣江口海拔高程48 m，与河源高程相差1 202 m。

2.2.1.4 矿产资源

禾泸水流域矿藏资源丰富且分布较广，现已探明并具有开采价值的矿产达10余种，主要矿产有无烟煤和铁、石灰岩、大理石、粉石英以及瓷土、石膏、铜、锰、钨、铅、锌、银等，其中永新县的乌石山铁矿，吉安县的天河、安塘煤矿，安福县的浒坑钨矿、大光山煤矿的开采规模均较大。此外尚有锆、铪稀有分散元素和铀、钍放射性元素等矿种分布。

2.2.1.5 旅游资源

禾泸水流域境内群山环抱，绿树成荫，生态环境极为优越，人文景观与自然景观完美结合，主要旅游名胜风景区有武功山国家森林公园、三湾国家森林公园、井冈山风景名胜区、梅冈古村和吉州窑遗址等。

（1）武功山国家森林公园：武功山国家森林公园位于江西省萍乡市和吉安市交界处，属于罗霄山脉北段，绵延120 km，总面积260 km^2。主峰白鹤峰海拔1 918.3 m。自然形成了“峰、洞、瀑、石、云、松、寺”齐备的山色风光，区内10万亩[①]高山草甸堪称天下无双；峰顶神秘的古祭坛群距今已有1 700多年的历史，被誉为华夏一绝；气势恢宏的高山瀑布群、云海日出、穿云石笋，奇特的怪石古松、峰林地貌和保存完好的原始森林、巨型活体灵芝等景观令游人叹为观止。武功山动植物繁多，有动物200多种，植物2 000多种，被中国科学院专家誉为天然动植物园。

（2）三湾国家森林公园：三湾国家森林公园位于江西省永新县三湾乡境内，是闻名中外的“三湾改编”所在地，2000年正式经国家林业局批复建立。三湾国家森林公园拥有“三湾改编”纪念馆、毛泽东旧居、士兵委员会旧址、红双井等

---

① 1亩≈666.67 m^2。

红色景点。公园规划面积 230 km^2，境内古木参天，属次原始森林，森林覆盖率高达 90.5%，森林面积 11.6 万 hm^2，活立木蓄积量达 439 万 m^3。

（3）井冈山风景名胜区：井冈山风景名胜区范围 213.5 km^2，海拔最高处 1 779.4 m。有十一大景区、76 处景点、460 多个景物景观，其中革命人文景观 30 多处，被列为国家重点文物保护单位的有 10 处，省级重点文物保护单位的有 2 处，市级重点文物保护单位的有 17 处。主要景区（点）有黄洋界、茨坪革命旧址群、井冈山革命烈士陵园、大井毛泽东同志旧居、井冈山革命博物馆、茅坪八角楼、会师纪念馆、龙潭、主峰、水口、杜鹃山（笔架山）等。

（4）梅冈古村：梅冈地处泰和县万合镇店边村，自梅冈始祖休文公生南唐明崇三年（公元 932 年）起建村。村内建有梅冈王氏宗祠本仁堂，梅冈村以“本仁堂”为“梅蕊”辐射在 500 年古渠的青泰区县交界线两边，形成四面八方之“梅瓣”的数十个王氏自然村。本仁堂周围梅冈王氏诸村的古住宅、古景点、古祠庙共有 300 余处。位于古村中的科甲第是村中的省级文物保护单位，是明朝时期为纪念村中学子科甲及第而修建，至今已有几百年的历史。

（5）吉州窑遗址：吉州窑坐落在吉安县永和镇西侧一块长约 2 km、宽 1 km 的平地上，24 座古窑包如岗似岭，分布其间。这里曾是古东昌县县城所在地，属于吉州管辖，故称“吉州窑”，是中国保存完好的古名窑遗址之一。

吉州窑是中国极负盛誉的综合性窑场，也是中国古代黑袖瓷生产中心之一。所产瓷器种类繁多，已发现的各种器型有 120 余种，其中有青轴疑、乳白釉器、绿釉瓷、黑釉瓷、彩绘瓷、雕塑瓷和琉璃器等。特别是“木叶天目”和“剪纸贴花天目”等产品，享誉中外，被列为国宝。吉州窑陶瓷是宋、元时期重要的出口商品之一。

2.2.1.6 物种资源

禾泸水流域气候温暖、湿润、雨量充沛，光照条件好，森林面积 63 万 hm^2，林地以中低山和丘陵为主。森林活立木蓄积量达 1 800 万 m^3。树种种属繁多，不仅保存了大量的第三纪植被类型——常绿阔叶林，而且是亚洲东部温带—亚热带植物区系的主要集散地和摇篮，也是东亚植物区系的起源地之一。流域内留下了许多第四纪大陆冰川类群，如穗花杉（*Amentotaxus argotaenia*）、南方铁杉（*Tsuga chinensis* var. *tchekiangensis*）等古老类群。流域内野生种子植物有210科1 003属2 958种，蕨类有45科104属351种，如古生代莲座蕨类科的福建观音座莲（*Angiopteris fokiensis*），石松科2种：石子藤（*Lycopodiastrum casurinoides*）和地刷子石松（*Lycopodiastrum complanatum*）等；裸子植物9科17属24种，如南方红豆杉（*Taxus mairei*）、南方铁杉（*Tsuga chinensis* var. *tchekiangensis*）、穗花杉（*Amentotaxus argotaenia*）、三尖杉（*Cephalotaxus fortunei*）等，特别是穗花杉林具有较高的科学价值和药用价值。被子植物201科986属2 935种，如壳斗科的栲属苦槠（*Castanopsisi sclerophylla*）、栲树（*Castanopsisi fargesii*）、甜槠（*Castanopsisi eyrei*）等，樟科的樟树（*Cinnamomum comphora*）、黄樟（*Cinnamomum porrectum*）。此外还有南五味子、瓜馥木、山龙眼、白桂木、榕属、多花山竹子、猴欢喜属等。

据统计，流域内珍稀濒危植物至少有199种，隶属47科111属，被《中国物种红色名录》收录的种类有158种：包括极危种5种，即资源冷杉、江西马先蒿（*Pedicularis kiangsiensis*）、单唇无叶兰（*Aphyllorchis simplex*）、铁皮石斛（*Dendrobium catenatum*）和江口盆距兰（*Gastrochilus nanus*）；濒危种13种，即银杏（*Ginkgo biloba* L.）、新宁新木姜子（*Neolitsea shingningensis*）、密花梭罗（*Reevesia pycnantha*）、细枝绣球（*Hydrangea gracilis*）、山豆根（*Euchresta japonica*）、栎叶柯（*Lithocarpus quercifolius*）、黄花白及（*Bletilla ochracea*）、独花兰（*Changnienia amoena*）、冬凤兰（*Cymbidium dayanum*）、细叶石斛（*Dendrobium hancockii*）、重瓣石斛（*D. hercoglossum*）、美花石斛（*D. loddigesii*）、细茎石斛（*D. moniliforme*）；易危种74种；近危种66种。

流域内脊椎动物共记录有130种，隶属25目58科108属。其中兽类8目15科30属33种，如缺齿鼹、穿山甲、华南兔、猪獾、毛冠鹿等；鸟类13目31科56属120种，如池鹭、灰胸竹鸡、白鹇、四声杜鹃、松鸭、画眉、绿头鸭等；爬行类2目5科12属18种，如丽桂蜥、草游蛇、北草蜥、虎斑游蛇等；两栖类2目7科10属19种，如肥螈、中华蟾蜍、黑斑蛙、棘腹蛙、大树蛙等。野生动物种类列入国家一级保护动物的有华南虎、金钱豹、白鹤等；列入国家二级保护动物的有水鹿、大鲵、短尾猴等；列入国家三级保护动物的有白鹇、锦鸡、穿山甲、大灵猫等。此外，野生动物山牛、野猪、猩猩、山羊、野兔等，野生植物大叶樟、银杏、倒插荆、黄连木等也分布在境内。

2.2.2　社会经济概况

2.2.2.1　行政区划

禾泸水流域吉安市范围内涉及 5 县（市）、1 区，包括井冈山市 14 个乡镇、1 个自然保护区、1 个街道办事处、1 个管委会和 1 个垦殖场，永新县 23 个乡镇，安福县全县，吉州区 2 个镇，吉安县 15 个乡镇和泰和县 6 个乡镇（表 2.2）。

表 2.2　禾泸水流域行政区划

序号	县（市、区）	涉及乡镇
1	井冈山市	龙市镇、厦坪镇、古城镇、新城镇、大陇镇、拿山乡、茅坪乡、葛田乡、荷花乡、东上乡、睦村乡、鹅岭乡、柏露乡、坳里乡
2	永新县	禾川镇、石桥镇、坳南乡、曲白乡、才丰乡、在中乡、龙源口镇、烟阁乡、三湾乡、里田镇、龙门镇、台岭乡、沙市镇、龙田乡、文竹镇、高溪乡、埠前镇、莲洲乡、高市乡、象形乡、高桥楼镇、怀忠镇、芦溪乡
3	安福县	平都镇、浒坑镇、洲湖镇、横龙镇、枫田镇、洋溪镇、严田镇、竹江镇、瓜畲镇、钱山镇、赤谷镇、山庄镇、洋门镇、金田镇、彭坊镇、泰山镇、寮塘镇、甘洛镇、章庄镇
4	吉安县	敦厚镇、永阳镇、凤凰镇、永和镇、桐坪镇、天河镇、安塘乡、登龙乡、官田乡、指阳乡、固江镇、浬田镇、横江镇、敖城镇、梅塘镇
5	泰和县	禾市镇、螺溪镇、石山乡、南溪乡、桥头镇、碧溪镇
6	吉州区	曲濑镇、兴桥镇

2.2.2.2　流域人口

禾泸水流域（吉安市范围内）人口近 165 万人，人口密度为 192.34 人/km^2，约为我国平均人口密度（135～145 人/km^2）的 1.34 倍，人口密度低于赣江流域（272 人/km^2）、鄱阳湖区和信江等流域。人口分布与地形关系比较密切，一般山区人口密度总体较小，平原人口密度总体较大，丘陵地区介于之间。禾泸水流域为山区，因此低于省内赣江、鄱阳湖和信江等流域。近几年，流域内人口增长迅猛，2010—2014 年，流域人口稳步上升，5 年内人口增长约 10.2%（图 2.1）。

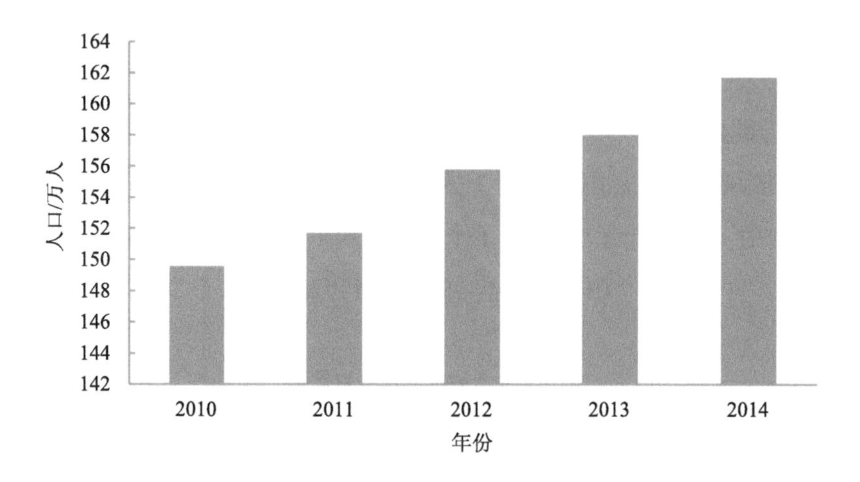

图 2.1　2010—2014 年禾泸水流域人口变化情况

2.2.2.3　经济社会、产业结构

2015 年，禾泸水流域地区生产总值 6 646 490 万元，占吉安市地区生产总值的 30.43%，人均生产总值 8 655 元，高于吉安市平均水平，低于江西省平均水平，区域经济水平不高，流域各县（市、区）生产总值情况见图 2.2，5 县（市）、1 区以吉安县辖区生产总值最高，为 142.95 亿元，从高到低依次是吉安县、泰和县、吉州区、安福县、永新县、井冈山市。

2015 年，禾泸水流域第一、第二和第三产业增加值在地区生产总值中所占比重分别为 16.36%、49.48%和 34.15%。从历史变化趋势来看，2010—2015 年禾泸水流域三大产业结构变化明显（图 2.3），呈现第一产业逐年下降、第二产业变化幅度较小、第三产业不断增加的特点。禾泸水流域旅游服务业进程不断加快，第三产业逐步成为地区经济增长的亮点。

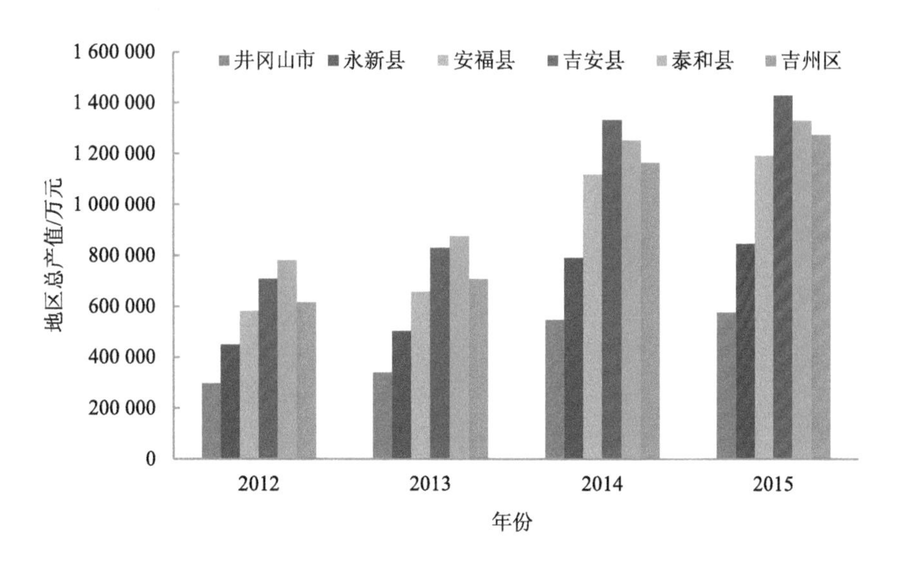

图 2.2　2012—2015 年禾泸水流域地区生产总值变化情况

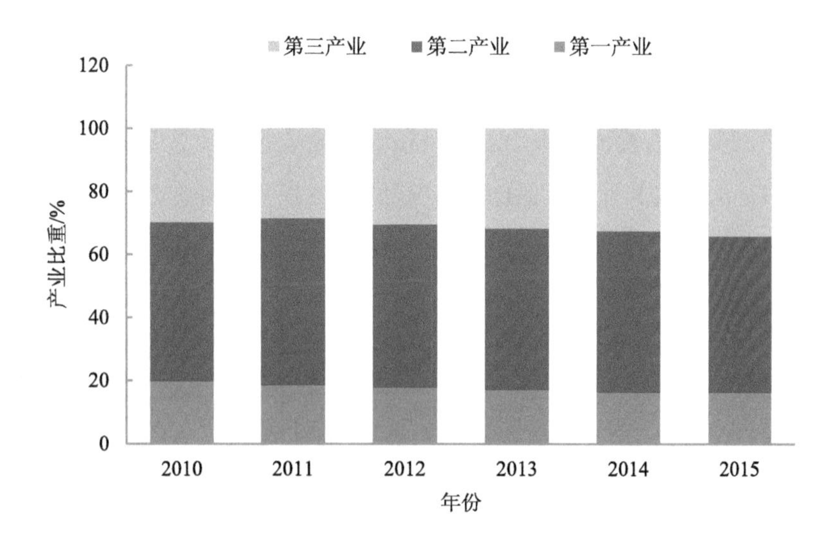

图 2.3　2010—2015 年禾泸水流域三大产业比重变化情况

2012—2015 年，禾泸水流域农村人均收入呈逐年上升的趋势（图 2.4），从 2012 年的 5 873 元/a 增长到 2015 年的 10 011 元/a，4 年内增加了 70.46%，但仍低于吉安市和江西省的平均水平。

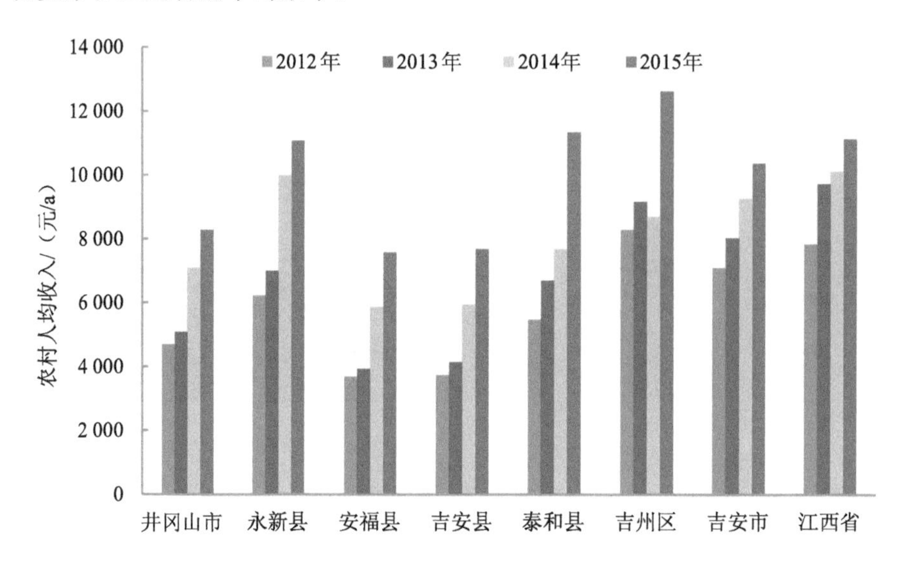

图 2.4　2012—2015 年禾泸水流域农村人均收入情况

2.2.2.4　土地利用现状

2015 年流域内有耕地面积 281 567 hm^2，占吉安市土地总面积的 30.12%，流域内人均耕地面积与其他地区的比较情况如图 2.5 所示。由图 2.5 可知，禾泸水流域人均耕地面积为 0.57 亩，低于江西省（0.97 亩）、全国和世界人均水平。

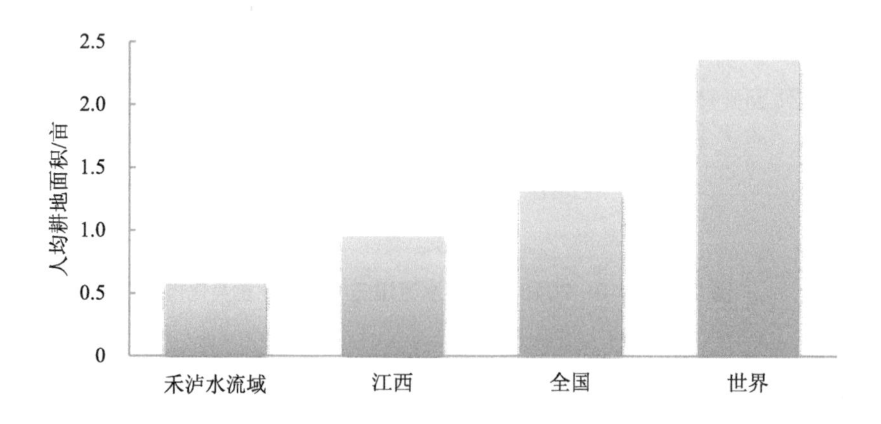

图 2.5　2015 年禾泸水流域人均耕地面积情况

土地利用类型可分为林地、草地、耕地、水域、居民点及工矿用地、未利用土地，其中农业用地占 85%以上，建设用地占 8%左右，未利用土地占 7%左右。农业用地中林业用地 10 107 hm^2、耕地 281 567 hm^2、水域 14 005 hm^2。

2.2.2.5 饮用水供给情况

禾泸水流域是井冈山市、永新县、安福县和吉安县重要的城市饮用水水源，全县 80%的居民用水来自禾泸水流域，禾泸水流域水环境质量和生态安全直接关系到 4 县市人民的生存环境和生存条件。2015 年，禾泸水流域供水情况如表 2.3 所示。

表 2.3 2015 年禾泸水流域主要集中式饮用水水源地供水情况

序号	县（市）	名称	供水量/（t/d）	类型
1	井冈山市	井冈山足山水库	695.00	湖库型
2	永新县	永新县自来水厂	547.56	河流型
3	安福县	安福县水厂	365.00	河流型
4	吉安县	吉安县水厂	950.00	河流型

2.3 流域环境功能区划

2.3.1 生态功能区划

禾泸水流域属于赣西山地丘陵生态区，其生态功能区划如表 2.4 所示。禾水蜀水遂川江上游森林与农田生态亚区（代号：Ⅳ-4 区），禾水蜀水遂川江上游北部水土保持与水质保护生态功能区（代号：Ⅳ-4-1 区）和禾水蜀水遂川江上游南部水源涵养与生物多样性保护生态功能区（代号：Ⅳ-4-2 区）。

表 2.4 禾泸水流域生态功能区的划分

生态功能分区单元	生态区	Ⅱ 赣中丘陵盆地生态区		Ⅳ 赣西山地丘陵生态区	
	生态亚区	Ⅱ-3 吉泰盆地农田与森林生态亚区		Ⅳ-4 禾水蜀水遂川江上游森林与农田生态亚区	
	生态功能区	Ⅱ-3-2 吉泰盆地西部水源涵养与农业环境保护生态功能区	Ⅱ-3-3 吉泰盆地中部农业环境保护与水土保持生态功能区	Ⅳ-4-1 禾水蜀水遂川江上游北部水土保持与水质保护生态功能区	Ⅳ-4-2 禾水蜀水遂川江上游南部水源涵养与生物多样性保护生态功能区
所在区域与面积		安福县，2 795.81 km^2	吉州区、青原区、吉安县、吉水县、泰和县，8 648.52 km^2	永新县全部和莲花县除北缘外，3 124.59 km^2	井冈山市、遂川县，4 389.60 km^2

2.3.2 水环境功能区划

禾泸水在江西省水（环境）功能定位如表 2.5 所示，主要为饮用水水源保护区、景观娱乐用水和工业用水。涉及的河湖水库包括赣江—禾水、赣江—禾水—牛吼江、赣江—禾水—泸水和赣江—禾水—泸水—陈山河。

2.4 主要生态服务功能

2.4.1 水资源提供功能

饮用水水源保护直接关系到广大人民群众的身体健康和切身利益，直接关系到社会稳定和经济发展。让广大群众喝上干净的水、呼吸上清洁的空气、吃上放心的食物、在良好的环境中生产生活，创建和加强饮用水水源保护是环境保护工作的首要任务之一。

禾泸水流域作为井冈山市、永新县、安福县和吉安县重要的城市饮用水水源，现有农村集中式供水工程数量 907 座，供给 5 万以上城镇人口的饮用水，直接关系到该流域人民的生存环境和生存条件。另外，禾泸水流域一年供给 4 县市农业耕地灌溉面积 86.64×10^3 hm^2，也是 4 县市重要的农业灌溉水来源。

表 2.5　禾泸水流域地表水功能区划一览

河流湖库	水资源三级区	控制城镇	水功能区名称	水环境功能区名称	水质目标	长度/km	面积/km^2	功能排序	控制断面	区划依据
赣江—禾水	赣江栋背至峡江区	永新县	禾水永新保留区	景观娱乐用水区	Ⅲ	34.0	—	—	澧田镇	开发利用程度不高
	赣江栋背至峡江区	永新县	禾水永新开发利用区	—	按二级区划	22.0	—	—	—	重要城镇河段
	赣江栋背至峡江区	永新县	禾水永新饮用水水源区	饮用水水源保护区	Ⅱ～Ⅲ	4.2	—	饮用景观	永新县水厂	饮用、景观用水区
	赣江栋背至峡江区	永新县	禾水永新工业用水区	工业用水区	Ⅳ	17.5	—	工业景观	埠前镇	工业、景观用水区
	赣江栋背至峡江区	永新县—吉安县	禾水永新—吉安县保留区	景观娱乐用水区	Ⅲ	100.0	—	—	上沙兰水文站	开发利用程度不高
	赣江栋背至峡江区	吉安县	禾水吉安县上开发利用区	—	按二级区划	4.2	—	—	—	重要城镇河段
	赣江栋背至峡江区	吉安县	禾水吉安县上饮用水水源区	饮用水水源保护区	Ⅱ～Ⅲ	4.2	—	饮用景观	吉安县水厂	饮用、景观用水区

河流湖库	水资源三级区	控制城镇	水功能区名称	水环境功能区名称	水质目标	长度/km	面积/km²	功能排序	控制断面	区划依据
赣江—禾水	赣江栋背至峡江区	吉安县	禾水吉安县保留区	景观娱乐用水区	Ⅲ	18.0	—	—	黄家	开发利用程度不高
	赣江栋背至峡江区	吉安县—吉安市—吉州区	禾水吉安县下开发利用区	—	按二级区划	3.6	—	—	—	城市河段
	赣江栋背至峡江区	吉安县—吉安市—吉州区	禾水吉安县下饮用水水源区	饮用水水源保护区	Ⅱ～Ⅲ	3.6	—	饮用景观	余家河	饮用、景观用水区
赣江—禾水—牛吼江	赣江栋背至峡江区	井冈山市	牛吼江井冈山自然保护区	自然保护区	Ⅱ	19.0	—	—	石狮口水库	自然保护区河段
	赣江栋背至峡江区	井冈山市—泰和县	牛吼江井冈山—泰和保留区	景观娱乐用水区	Ⅲ	88.0	23.0	—	禾市镇	开发利用程度不高
赣江—禾水—泸水	赣江栋背至峡江区	安福县	泸水安福保留区	景观娱乐用水区	Ⅲ	82.5	8.9	—	严田镇	开发利用程度不高
	赣江栋背至峡江区	安福县	泸水安福开发利用区	—	按二级区划	17.5	—	—	—	重要城镇河段

河流湖库	水资源三级区	控制城镇	水功能区名称	水环境功能区名称	水质目标	长度/km	面积/km^2	功能排序	控制断面	区划依据
赣江—禾水—泸水	赣江栋背至峡江区	安福县	泸水安福饮用水水源区	饮用水水源保护区	Ⅱ～Ⅲ	4.2	—	饮用景观	安福县水厂	饮用、景观用水区
	赣江栋背至峡江区	安福县	泸水安福工业用水区	工业用水区	Ⅳ	13.3	—	工业景观	枫田镇	工业、景观用水区
	赣江栋背至峡江区	安福县—吉安县	泸水安福—吉安保留区	景观娱乐用水区	Ⅲ	54.0	—	—	赛塘水文站	开发利用程度不高
赣江—禾水—泸水—陈山河	赣江栋背至峡江区	安福县	泸水陈山河安福保留区	景观娱乐用水区	Ⅲ	94.0	—	—	甘洛乡	开发利用程度不高

2.4.2 水质净化与水源水质保护功能

水质净化与水源水质保护是禾泸水流域的重要生态功能之一，加强禾泸水流域内的生态环境保护，控制污染物入河，对于保障禾泸水水质和流域生态环境质量具有重要意义。

河流永新县至吉安县河段水质达Ⅱ～Ⅲ类地表水标准，水质达标率为100%。

2.4.3 水产品供给

禾泸水属于赣江水系的一部分，其鱼类也属于典型的赣江水系区系鱼类，以鲤形目种类最多，其次是鲈形目和鲇形目，其中有较高经济价值的鱼类（如青、草、鲢、鳙、鳜、鲤、鲫、赤眼鳟等）有10余种。

优质的河水提供着优质的水产品资源，禾泸水渔产量较高，丰水期平均每船捕获量为24.4 kg，枯水期平均单船渔获量18.4 kg，平水期则为15.7 kg。

2.4.4 生境支持与生物多样性维持

禾泸水流域地形地貌条件复杂，雨热充足，有着较为复杂的气候条件以及许多独特的小气候环境和丰富的生物资源。

截至2015年年底，流域内共建立各种类型的自然保护区24个，总面积超过6.0万hm^2，约占全省土地总面积的0.4%。其中有1处成为世界自然遗产地（武功山）。此举能够有效保护流域内80%以上的陆地自然生态系统类型、40%的天然湿地、20%的天然林、85%的野生动物种群、65%的高等植物群落以及绝大多数自然遗产，对保护自然资源和生物多样性，维护国土生态安全发挥了极其重要的作用。另外，自然保护区是开展生物多样性和自然遗产地保护最为有效的途径，并具有涵养水源、保持水土、防风固沙、减少旱涝灾害、调节气候、维持生态系统稳定和演化等重要功能，在维护和优化生态环境中发挥着不可替代的作用。

2.4.5　休闲娱乐与生态文化资源

禾泸水流域内有武功山和三湾 2 个国家级森林公园，井冈山自然保护区、七溪岭自然保护区和铁丝岭自然保护区等 24 个自然保护区。其中，武功山国家森林公园是闻名遐迩的湖泊山地型国家 4A 级重点风景名胜区，拥有“山景雄秀、瀑布独特、草甸奇观、生态优良、天象称奇、人文荟萃”的资源类型与特色，形成了“峰、洞、瀑、石、云、松、寺”齐备的山色风光，建立了金顶观光休闲区、羊狮幕观光游览区、九龙山宗教文化区、发云界游憩娱乐区、大王庙原始生态区 5 个核心区，对流域内经济社会发展起到了重要的作用。

随着社会的进步，良好的生态条件已成为城市发展最富竞争力的条件之一，加强生态建设和环境保护，坚持在发展中促进增长方式转变，正确处理好城市与农村、经济与社会、人与自然的发展关系，大力发展节约型经济、可循环经济，不断提高资源利用效率，建设绿色生态吉安，实现人与自然的和谐发展和经济社会的可持续发展为导向的生态型发展战略思路，已成为促进产业结构调整、打造生态城市品牌、改善招商引资环境的重要抓手。禾泸水流域优质的生态环境还发挥着生态文化资源的巨大功能，不仅能迎合城市发展对生态的需要，也在无形中有力推进了区域社会经济的快速健康发展。

2.5　禾泸水保护重要战略意义

（1）禾泸水是全国生态功能重点保护区所在水系，生物多样性丰富，为生物多样性热点区域，基于以水定陆的原则，保护禾泸水就是“倒逼”重点生态功能区的源头保护与系统治理，具有现实战略意义。

（2）禾泸水是全国丘陵平原区为数不多的清洁水系，水质整体优良，但区域水质退化明显，已威胁到红色文化圣地和绿水青山的生态安全。

（3）禾泸水流域作为赣江最大的一级支流，处于吉安市区3处饮用水水源地的来水河流的上游，直接威胁到吉安市区70万人口和区域200万人口的饮水安全，并将很大程度地影响赣江水生态安全。

第3章 生态环境现状及主要问题诊断分析

3.1　流域水环境质量状况

3.1.1　饮用水水源地水质变化及污染物来源特征

3.1.1.1　水质变化趋势分析

禾泸水流域是井冈山市、永新县、安福县和吉安县 4 县（市）的重要饮用水水源地，供给 4 县（市）县城和沿河乡镇约 35 万人的饮用水。饮用水水源取水口每个季度监测一次，根据《地表水环境质量标准》（GB 3838—2002），共监测 29 项。

现选取 2014 年和 2015 年高锰酸盐指数、氨氮、总氮等 10 个项目进行分析（表 3.1）。吉安县连续两年（2014 年和 2015 年）总磷和总氮超标，永新县和井冈山市 2015 年总氮超标、2014 年总氮和总磷均超标，安福县仅 2015 年总氮超标，4 县（市）其他指标均未超标。除总氮和总磷外，流域水质年度均值能达到《地表水环境质量标准》（GB 3838—2002）中规定的饮用水水源地必测项目标准限值的Ⅱ类水质标准。因此，禾泸水流域应严格控制总氮、总磷污染物的流入，加大环境监管力度。

3.1.1.2　污染物来源分析

水环境质量评价一般以单因子污染指数为主，指数小污染轻，指数大则污染重，当单因子污染指数≤1 时，表示水体未受到污染；当单因子污染指数＞1 时，表示水体受到污染。

本方案以《地表水环境质量标准》（GB 3838—2002）中规定的饮用水水源地必测项目Ⅱ类水质标准为依据进行评价（表 3.2），结果表明，2014 年和 2015 年 4 县（市）饮用水水源地总氮、总磷受到不同程度的污染，须引起地方政府的注意。

本方案以《地表水环境质量标准》中规定的饮用水水源地必测项目Ⅲ类水质标准为依据进行评价（表 3.3），结果表明，2014 年和 2015 年 4 县（市）饮用水水源地总氮受到不同程度的污染。无论采用Ⅱ类标准还是Ⅲ类标准进行评价，4 县（市）饮用水水源地总氮都受到不同程度的污染，亟待解决。但是，总体而言，2015 年 4 县（市）单因子污染指数明显小于 2014 年，说明 4 县（市）饮用水水源地水质逐步得到改善。

表 3.1　2014 年和 2015 年 4 县（市）饮用水水源地主要污染物

单位：mg/L（粪大肠杆菌单位：个/L）

监测指标	二类标准	三类标准	统计值	吉安县		永新县		安福县		井冈山市	
				2014 年	2015 年	2014 年	2015 年	2014 年	2015 年	2014 年	2015 年
高锰酸盐指数	≤4	≤6	平均	1.728	1.875	1.635	1.760	1.468	1.713	1.495	1.363
			最大值	2.120	2.220	1.990	2.300	1.940	2.350	2.070	1.800
			最小值	0.830	1.440	0.830	1.200	1.020	1.360	0.890	0.880
			超标率	—	—	—	—	—	—	—	—
化学需氧量	≤15	≤20	平均	9.905	6.267	9.800	8.545	6.893	8.245	7.400	6.660
			最大值	10.800	7.520	12.000	10.500	7.600	11.100	7.400	8.080
			最小值	9.000	5.280	6.000	7.320	6.020	6.000	7.400	5.240
			超标率	—	—	—	—	—	—	—	—
五日生化需氧量	≤3	≤4	平均	1.225	1.175	1.200	1.225	1.150	1.225	0.184	1.150
			最大值	1.500	1.300	1.300	1.300	1.200	1.400	0.319	1.300
			最小值	1.000	1.100	1.000	1.100	1.000	1.100	0.058	1.000
			超标率	—	—	—	—	—	—	—	—
氨氮	≤0.5	≤1.0	平均	0.302	0.158	0.173	0.134	0.118	0.132	0.184	0.137
			最大值	0.456	0.218	0.243	0.167	0.154	0.202	0.319	0.213
			最小值	0.104	0.109	0.101	0.111	0.096	0.071	0.058	0.078
			超标率	—	—	—	—	—	—	—	—
总磷	≤0.025	≤0.05	平均	0.048	0.042	0.037	0.031	0.014	0.027	1.063	0.028
			最大值	0.060	0.052	0.060	0.037	0.023	0.040	1.350	0.042
			最小值	0.030	0.036	0.018	0.021	0.010	0.012	0.600	0.015
			超标率	100%	100%	50%	—	—	—	100%	—

监测指标	二类标准	三类标准	统计值	吉安县		永新县		安福县		井冈山市	
				2014 年	2015 年	2014 年	2015 年	2014 年	2015 年	2014 年	2015 年
总氮	≤0.5	≤1.0	平均	1.435	1.040	1.755	1.098	0.148	1.265	1.063	1.090
			最大值	2.250	1.170	2.260	1.200	0.230	1.910	1.350	1.190
			最小值	1.150	0.920	1.230	0.970	0.080	0.970	0.600	1.030
			超标率	100%	100%	100%	100%	—	100%	100%	100%
氟化物	≤1.0	≤1.0	平均	0.198	0.355	0.185	0.313	0.148	0.370	0.157	0.140
			最大值	0.250	0.500	0.240	0.430	0.230	0.480	0.250	0.250
			最小值	0.150	0.220	0.140	0.270	0.080	0.240	0.070	0.070
			超标率	—	—	—	—	—	—	—	—
挥发酚	≤0.002	≤0.005	平均	0.002	0.001	0.001 45	0.001 15	0.001 5	0.000 95	0.001 35	0.000 9
			最大值	0.002	0.001	0.001 5	0.001 3	0.001 5	0.001 1	0.001 4	0.000 9
			最小值	0.002	0.001	0.001 4	0.001	0.001 5	0.000 8	0.001 3	0.000 9
			超标率	—	—	—	—	—	—	—	—
石油类	≤0.05	≤0.05	平均	0.031	0.032	0.028 25	0.031 25	0.031 25	0.034 75	0.027 5	0.030 25
			最大值	0.038	0.037	0.035	0.035	0.039	0.037	0.036	0.034
			最小值	0.028	0.030	0.024	0.028	0.027	0.03	0.024	0.025
			超标率	—	—	—	—	—	—	—	—
粪大肠菌群	≤2 000	≤10 000	平均	2 775	2 425	1 500	1 650	1 500	2 575	1 867	2 650
			最大值	4 600	5 600	2 300	2 400	2 300	6 300	4 300	4 500
			最小值	200	200	1 100	500	1 100	500	500	200
			超标率	—	—	—	—	—	—	—	—

表 3.2　2014 年和 2015 年 4 县（市）饮用水水源地主要污染物单因子污染指数（以二级标准为保护对象）

年份	县级城市	水源地名称	高锰酸盐指数	化学需氧量	五日生化需氧量	氨氮	总磷	总氮	氟化物	挥发酚	石油类
2014	井冈山市	足山水库取水口	0.38	0.37	0.40	0.37	0.55	2.13	0.12	0.41	0.55
	安福县	第二水厂取水口	0.37	0.43	0.38	0.24	0.57	2.04	0.15	0.45	0.63
	永新县	袍陂取水口	0.41	0.57	0.38	0.35	1.48	3.51	0.19	0.44	0.57
	吉安县	高塘取水口	0.43	0.63	0.40	0.42	1.57	2.80	0.24	0.46	0.61
2015	井冈山市	足山水库取水口	0.31	0.41	0.40	0.29	1.52	2.72	0.36	0.15	0.72
	安福县	第二水厂取水口	0.39	0.48	0.43	0.34	1.07	1.96	0.26	0.58	0.65
	永新县	袍陂取水口	0.53	0.46	0.38	0.23	0.98	2.25	0.27	0.49	0.61
	吉安县	高塘取水口	0.51	0.45	0.38	0.40	1.80	2.11	0.30	0.15	0.60

表 3.3　2014 年和 2015 年 4 县（市）饮用水水源地主要污染物单因子污染指数（以三级标准为保护对象）

年份	县级城市	水源地名称	高锰酸盐指数	化学需氧量	五日生化需氧量	氨氮	总磷	总氮	氟化物	挥发酚	石油类
2014	井冈山市	足山水库取水口	0.250	0.012	0.300	0.184	0.275	1.063	0.123	0.165	0.550
	安福县	第二水厂取水口	0.245	0.012	0.300	0.118	0.285	1.018	0.148	0.180	0.625
	永新县	袍陂取水口	0.273	0.014	0.300	0.173	0.740	1.755	0.185	0.175	0.565
	吉安县	高塘取水口	0.283	0.014	0.325	0.210	0.785	1.400	0.243	0.185	0.605
2015	井冈山市	足山水库取水口	0.205	0.010	0.300	0.144	0.760	1.360	0.355	0.060	0.715
	安福县	第二水厂取水口	0.258	0.013	0.325	0.169	0.535	0.980	0.260	0.230	0.650
	永新县	袍陂取水口	0.355	0.018	0.300	0.113	0.490	1.125	0.265	0.195	0.605
	吉安县	高塘取水口	0.338	0.017	0.300	0.201	0.900	1.055	0.295	0.060	0.600

内梅罗污染指数（以 P_i 表示）反映了各污染物对水体的作用，同时突出了高浓度污染物对水环境质量的影响，可按照内梅罗污染指数划定污染等级。内梅罗污染指数评价标准如表 3.4 所示。

表 3.4　内梅罗污染指数评价标准

等级	内梅罗污染指数	污染等级
Ⅰ	$P_i \leqslant 0.7$	清洁（安全）
Ⅱ	$0.7 < P_i \leqslant 1.0$	尚清洁（警戒线）
Ⅲ	$1.0 < P_i \leqslant 2.0$	轻度污染
Ⅳ	$2.0 < P_i \leqslant 3.0$	中度污染
Ⅴ	$P_i > 3.0$	重度污染

由表 3.5 和表 3.6 可知，按照《地表水环境质量标准》二级标准进行评价，2014 年和 2015 年禾泸水流域饮用水水源地取水口水质受到中度污染，污染程度较重的污染物仍为总氮，其次是总磷，其他污染物未受到污染；但按照《地表水环境质量标准》三级标准进行评价，2014 年和 2015 年禾泸水流域饮用水水源地取水口水质受到轻度污染，主要污染物为总氮，须引起政府部门的重视。

表 3.5　2014 年和 2015 年 4 县（市）饮用水水源地主要污染物内梅罗污染指数

（以二级标准为保护对象）

年份	高锰酸盐指数	化学需氧量	五日生化需氧量	氨氮	总磷	总氮	氟化物	挥发酚	流域整体
2014	0.52	0.67	0.45	0.69	1.85	3.69	0.26	0.65	2.74
2015	0.47	0.56	0.43	0.53	2.07	3.14	0.41	0.52	2.35

表 3.6　2014 年和 2015 年 4 县（市）饮用水水源地主要污染物内梅罗污染指数

（以三级标准为保护对象）

年份	高锰酸盐指数	化学需氧量	五日生化需氧量	氨氮	总磷	总氮	氟化物	挥发酚	流域整体
2014	0.34	0.02	0.34	0.34	0.93	1.85	0.26	0.26	1.37
2015	0.31	0.017	0.32	0.26	1.03	1.57	0.41	0.21	1.17

3.1.2　流域水质变化及富营养化趋势

3.1.2.1　水质变化趋势分析

禾水河口水质从 2008 年开始监测，每两个月监测一次，每年监测 6 次，每次监测 24 项。

禾水河口 2008—2015 年水质监测情况如表 3.7 和图 3.1 所示。由表 3.7 可知，禾水河口高锰酸盐指数、化学需氧量、生化需氧量、氨氮、氟化物、氰化物、挥发酚年均值均在Ⅱ类水质范围内，但局部时间高锰酸盐指数、化学需氧量、总磷、总氮、粪大肠杆菌年均值均在Ⅲ类水质范围。

从时间上看，禾水河口氰化物和挥发酚浓度明显降低，氨氮、氰化物和生化需氧量浓度变化不明显，高锰酸盐指数、总磷则呈先增加再降低再增加的变化趋势，总氮和粪大肠杆菌呈先减小再增加的趋势。总体而言，除氰化物和挥发酚外，其他污染物的浓度均呈不同程度增加的趋势，虽然高锰酸盐指数、总磷等污染物浓度增加的速度较缓慢（大部分污染物仍满足Ⅱ类水质的要求），但越来越多的干扰已威胁到了禾泸水流域的水质，使之呈恶化趋势，必须引起重视。

表 3.7　2008—2015 年禾水河口主要污染物

单位：mg/L（粪大肠杆菌单位：个/L）

年份	统计值	高锰酸盐指数	化学需氧量	生化需氧量	氨氮	总磷	总氮	氟化物	氰化物	挥发酚	粪大肠杆菌
2015	最大值	2.64	**16.00***	1.50	0.278	0.055	**1.10****	0.39	0.001	0.001 4	**5 800***
	最小值	1.89	2.50	1.20	0.157	0.033	**0.92***	0.29	0.001	0.000 2	200
	平均值	2.21	9.55	1.32	0.208	0.044	**1.01****	0.34	0.001	0.000 7	**2 567***
2014	最大值	2.28	12.40	1.50	0.458	0.080	**1.84****	0.38	0.001	0.001 5	**7 900***
	最小值	1.56	5.20	1.10	0.110	0.030	**0.59***	0.17	0.001	0.000 2	1 100
	平均值	1.81	8.13	1.32	0.199	0.049	**1.06****	0.29	0.001	0.000 8	**3 850***
2013	最大值	1.76	12.70	1.30	0.218	0.040	**0.91***	0.56	0.002	0.001 5	**4 900***
	最小值	1.12	2.50	1.00	0.081	0.020	**0.73***	0.18	0.002	0.001 4	800
	平均值	1.52	7.67	1.18	0.131	0.033	**0.82***	0.32	0.002	0.001 5	**2 483***
2012	最大值	2.46	12.20	1.50	0.319	**0.110***	**1.44****	0.34	0.002	0.001 5	**9 400***
	最小值	1.56	7.49	0.80	0.122	0.020	**0.71***	0.11	0.002	0.001 4	**2 300***
	平均值	1.93	9.26	1.16	0.187	0.044	**0.95***	0.26	0.002	0.001 4	**4 460***
2011	最大值	3.11	10.70	1.50	0.514	**0.110***	**0.93***	0.40	0.002	0.001 5	**5 400***
	最小值	1.49	5.99	0.25	0.097	0.020	**0.66***	0.16	0.002	0.000 2	140
	平均值	1.99	8.00	1.16	0.270	0.047	**0.78***	0.25	0.002	0.001 0	**2 255***

年份	统计值	高锰酸盐指数	化学需氧量	生化需氧量	氨氮	总磷	总氮	氟化物	氰化物	挥发酚	粪大肠杆菌
2010	最大值	2.46	9.98	1.80	0.218	0.090	**0.84***	0.31	0.002	0.002 0	**3 500***
	最小值	1.61	5.29	1.50	0.105	0.040	**0.53***	0.13	0.002	0.001 0	70
	平均值	2.03	8.15	1.63	0.154	0.052	**0.68***	0.23	0.002	0.001 2	998
2009	最大值	**4.33***	13.90	1.60	0.295	**0.100***	**0.91***	0.39	0.002	0.001 0	**2 800***
	最小值	1.66	6.27	1.00	0.049	0.030	**0.64***	0.19	0.002	0.001 0	60
	平均值	2.66	8.43	1.35	0.151	0.052	**0.75***	0.25	0.002	0.001 0	1 498
2008	最大值	2.45	14.60	1.70	0.522	0.050	**0.97***	0.27	0.002	0.001 0	**3 300***
	最小值	1.65	1.72	1.20	0.105	0.010	**0.77***	0.12	0.002	0.001 0	200
	平均值	2.01	6.35	1.38	0.264	0.030	**0.91***	0.21	0.002	0.001 0	1 283
II类水质标准		≤4	≤15	≤3	≤0.5	≤0.1	≤0.5	≤1.0	≤0.05	≤0.002	≤2 000
III类水质标准		≤6	≤20	≤4	≤1.0	≤0.2	≤1.0	≤1.0	≤0.2	≤0.005	≤10 000

注：*表示III类水质标准，**表示IV类水质标准。

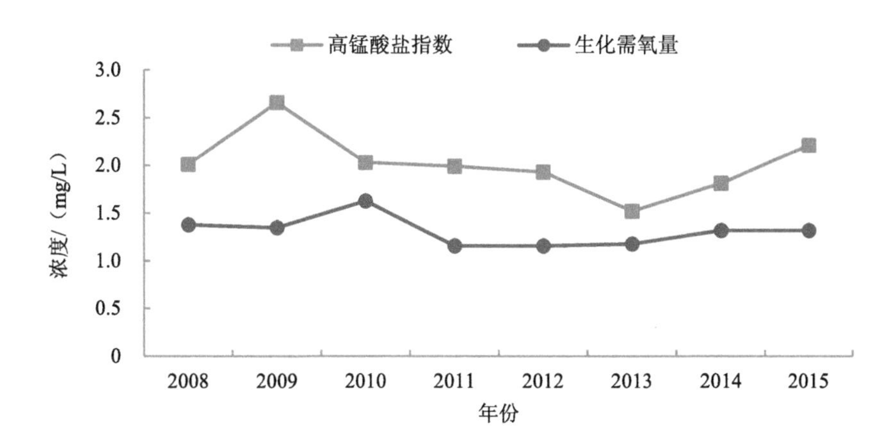
高锰酸盐指数
生化需氧量
3.0
2.5
2.0
1.5
1.0
0.5
0
浓度/（mg/L）
2008
2009
2010
2011
2012
2013
2014
2015
年份

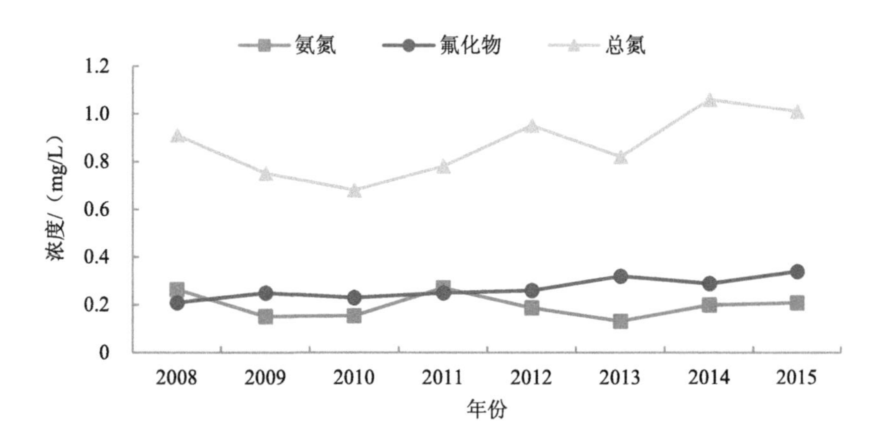
氨氮
氟化物
总氮
1.2
1.0
0.8
0.6
0.4
0.2
0
浓度/（mg/L）
2008
2009
2010
2011
2012
2013
2014
2015
年份

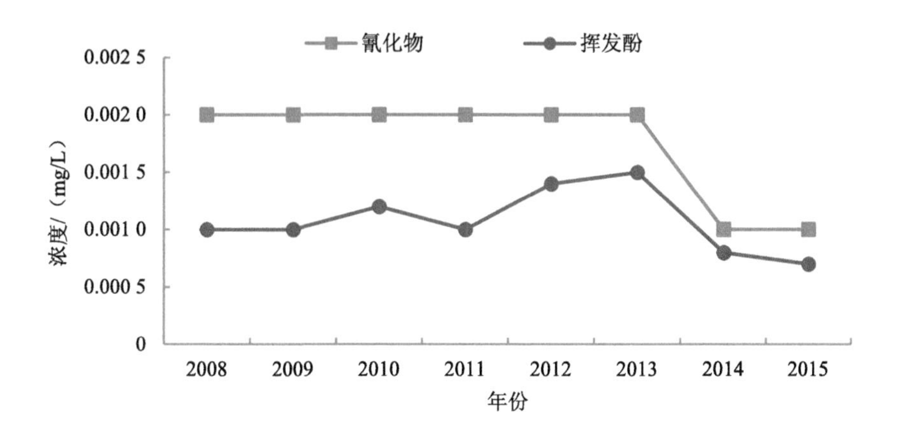
氰化物
挥发酚
0.002 5
0.002 0
0.001 5
0.001 0
0.000 5
0
浓度/（mg/L）
2008
2009
2010
2011
2012
2013
2014
2015
年份

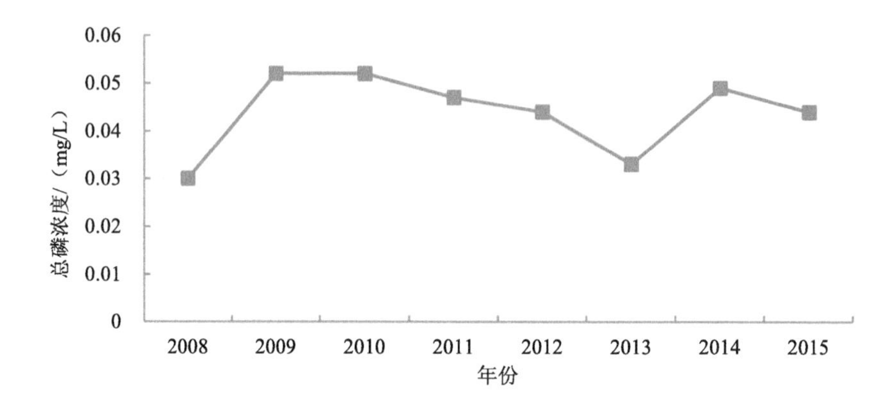

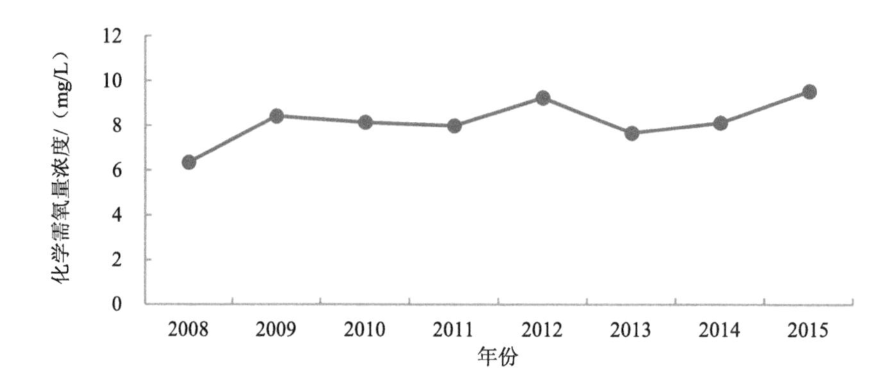

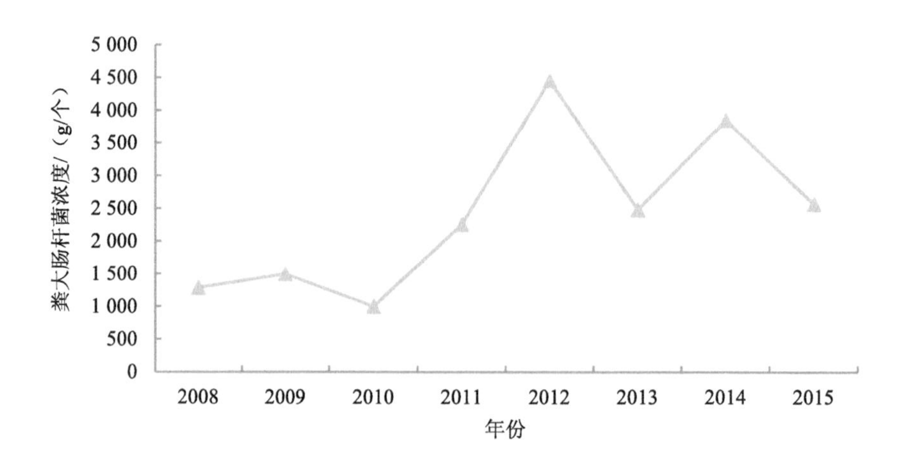

图 3.1　2008—2015 年禾水河口污染物浓度变化

依托赣江水专项“十二五”时期研究调查数据，分别于三个水文期（丰水期、平水期、枯水期）对禾泸水流域各采样一次，共监测常规指标 24 项，监测点位信息如表 3.8 所示。采样布点如图 3.2 所示。禾泸水各监测断面 2013 年水质监测情况如表 3.9 和表 3.10 所示。由表 3.9 可知，禾泸水的年均氨氮浓度值均在Ⅱ类水质范围内，总磷年均值属于Ⅱ类范围，但局部点位为Ⅲ类及以上。由表 3.10 可知，2013 年各监测断面水质，为Ⅱ～Ⅴ类，主要超标因子为总氮和高锰酸盐指数。随着流域经济社会的发展，越来越多的干扰已威胁到了禾泸水水质，使之呈恶化趋势，必须引起重视。

表 3.8　2013 年禾泸水流域综合采样点经纬度

编号	采样点	水系	经度/（°）	纬度/（°）
64	会口村	禾泸水	114.469	26.984
74	高步村	牛吼江	114.277	26.724
76	观山村	泸水	114.684	27.310
86	坎村	泸水	114.586	24.400
95	横圳村	泸水	114.453	27.498
97	湘赣大道	禾水	114.603	27.393
98	319 国道边	禾水	114.534	26.968
107	东上乡	禾水	115.892	26.721
108	上桥村	禾水	114.684	27.310
109	中屋下村	禾水	114.457	27.131
65	省道 334 边	禾水	113.935	26.890
75	花田村	禾水	114.236	26.941
88	店下村	禾水	114.534	26.968
96	草坪洲	禾水	115.892	26.721
99	螺塘村	禾水	113.957	26.678
63	木虎山村	禾水	114.278	26.726

编号	采样点	水系	经度/（°）	纬度/（°）
83	湖田村	泸水	114.614	27.389
85	洋湖村	禾水支流	114.419	27.192
87	田心村	禾水	114.757	26.992
100	广湖村	禾水	114.873	27.018
110	石坪村	拿山河	114.250	26.968
119	莒蒲村	拿山河	114.749	26.908

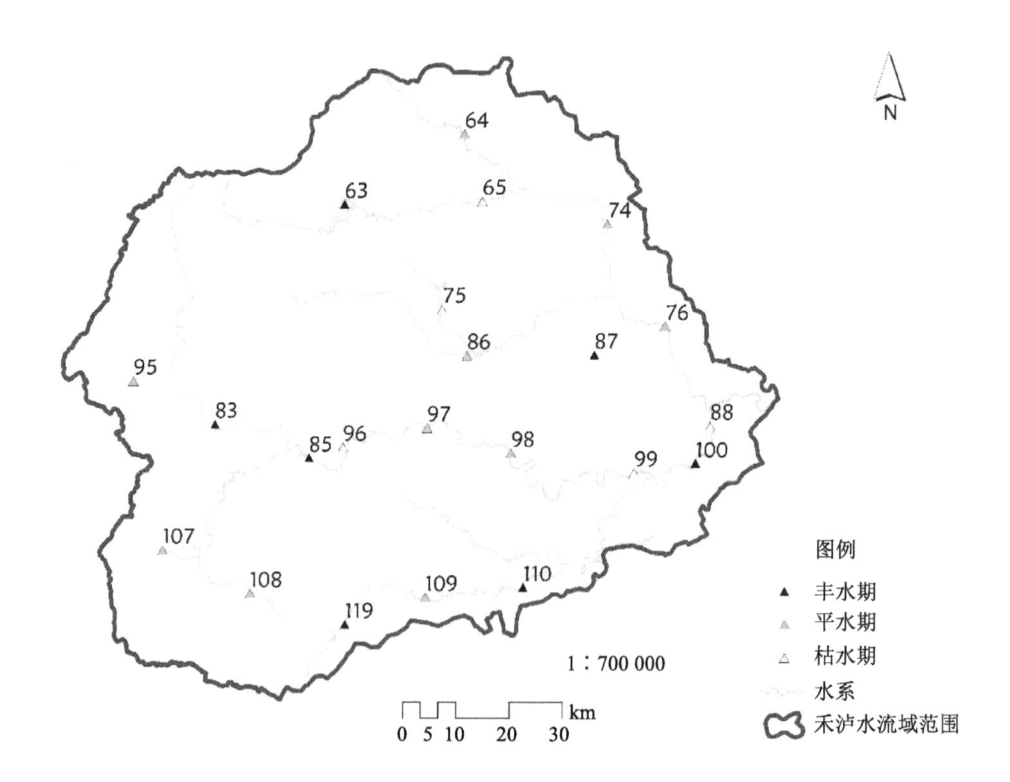

图 3.2　禾泸水流域采样布点

表 3.9　禾泸水流域主要污染物的年际差异统计

监测指标	Ⅱ类标准	Ⅲ类标准	统计值	2009—2010 年	2012—2013 年
高锰酸盐指数	≤4	≤6	年均值	7.56	2.33
			最大值	8.50	7.97
			最小值	6.30	0.24
			超标率	126%	—
氨氮	≤0.5	≤1.0	年均值	0.13	0.29
			最大值	1.80	2.64
			最小值	0.30	0.05
			超标率	—	—
总磷	≤0.025	≤0.05	年均值	0.005	0.04
			最大值	1.52	0.11
			最小值	0.015	0.01
			超标率	—	—
总氮	≤0.5	≤1.0	年均值	0.31	1.06
			最大值	9.44	2.06
			最小值	1.00	0.14
			超标率	—	106%

表 3.10　2013 年禾泸水各断面水质类别统计结果

编号	采样点	水质类别	特征污染物
64	会口村	Ⅱ	—
74	高步村	Ⅱ	—
76	观山村	Ⅱ	—
86	坎村	Ⅱ	—
95	横圳村	Ⅱ	—
97	湘赣大道	Ⅱ	—
98	319 国道边	Ⅴ	氨氮
107	东上乡	Ⅱ	—
108	上桥村	Ⅱ	—
109	中屋下村	Ⅳ	总氮

编号	采样点	水质类别	特征污染物
65	省道 334 边	Ⅳ	总氮、高锰酸盐指数
75	花田村	Ⅳ	总氮
88	店下村	Ⅴ	总氮
96	草坪洲	Ⅳ	总氮、高锰酸盐指数
99	螺塘村	Ⅳ	总氮
63	木虎山村	Ⅱ	—
83	湖田村	Ⅱ	—
85	洋湖村	Ⅱ	—
87	田心村	Ⅲ	高锰酸盐指数
100	广湖村	Ⅱ	—
110	石坪村	Ⅱ	—
119	菖蒲村	Ⅳ	总氮

3.1.2.2 水体营养化情况

根据《湖泊（水库）富营养化评价方法及分级技术规定》选取总氮、总磷、叶绿素、透明度、高锰酸盐指数共 5 个项目进行评价。2012 年和 2013 年禾泸水流域各断面营养化状况如表 3.11 所示。自 2013 年以来，禾泸水流域各监测点营养状态指数总体呈下降趋势，整体而言，截至 2017 年禾泸水流域水体富营养化状态处于贫营养—中营养状态。

表 3.11 2012—2013 年禾泸水流域各断面营养状况一览

赣江“水专项”编号	采样点	综合富营养化状态
64	会口村	32.85
74	高步村	31.16
86	坎村	41.54
95	横圳村	26.12
97	湘赣大道	29.14
108	上桥村	32.85

赣江“水专项”编号	采样点	综合富营养化状态
109	中屋下村	39.33
65	省道 334 边	24.78
75	花田村	34.89
88	店下村	32.36
96	永新县高桥楼镇草坪洲	49.67
99	螺塘村	46.03
63	木虎山村	44.77
83	永新县龙田乡湖田村	45.80
85	永新县埠前镇洋湖村	43.25
100	广湖村	34.96
110	石坪村	41.29
119	菖蒲村	36.27

3.1.3　流域水生生态系统状况

3.1.3.1　浮游植物

2009 年和 2010 年、2012 年和 2013 年禾泸水流域的浮游植物类群进行了详细的调查。

1）浮游植物种类组成

2009—2010 年调查结果显示，禾泸水流域浮游植物共鉴定出绿藻门（Chlorophyta）、硅藻门（Bacillariophyta）、蓝藻门（Cyanophyta）、裸藻门（Euglenophyta）、黄藻门（Xanthophyta）和隐藻门（Cryptophyta）6 个门类，共计 68 属 95 种，其中丰水期 40 种、枯水期 44 种、平水期 42 种，丰水期以硅藻门的舟形桥弯藻和直链藻为优势种，枯水期以硅藻门的变异直链藻、瞳孔舟形藻和绒毛平板藻为优势种，平水期以绿藻门的小球藻和平壁克里藻为优势种。

2012 年和 2013 年的丰水期、枯水期和平水期三个水文期对禾泸水流域的浮游植物群落结构进行研究，共鉴定出绿藻门（Chlorophyta）、硅藻门

（Bacillariophyta）、蓝藻门（Cyanophyta）、裸藻门（Euglenophyta）、黄藻门（Xanthophyta）、金藻门（Chrysophyta）、甲藻门（Pyrrophyta）和隐藻门（Cryptophyta）8个门类，共计112属277种，其中发现丰水期以绿藻门和甲藻门的藻类占优势，优势种如绿藻门的十字藻、甲藻门的裸甲藻和二角多甲藻；枯水期以蓝藻门的小席藻及硅藻门的梅尼小环藻占优势；平水期则以硅藻门的梅尼小环藻和颗粒直链藻最窄变种、蓝藻门的小席藻和绿藻门的球衣藻占优势，其中枯水期小席藻占优势，这表明枯水期禾泸水的水体富营养化程度高于其他水文期。

2）浮游植物丰度

2009年和2010年调查结果显示，三个不同的水文期中枯水期采样点浮游植物丰度最大，年均丰度为 0.36×10^4 个/L，其中变异直链藻、瞳孔舟形藻密度分别为 1.73×10^4 个/L和 1.27×10^4 个/L；其次为平水期采样点，年均丰度为 0.048×10^4 个/L，其中小球藻、平壁克里藻密度分别为 0.18×10^4 个/L和 0.12×10^4 个/L；丰水期采样点最少，其中舟形桥弯藻和直链藻密度分别为 0.18×10^4 个/L和 0.14×10^4 个/L，年均丰度为 0.026×10^4 个/L。

2012年和2013年调查结果显示，三个不同的水文期中丰水期采样点浮游植物丰度最大，年均丰度为 190.85×10^4 个/L；其次为平水期采样点，年均丰度为 120.12×10^4 个/L；枯水期采样点最少，年均丰度为 36.17×10^4 个/L。

3）浮游植物多样性变化

由表3.12可以看出，2009年和2010年、2012年和2013年所调查的禾泸水流域所有采样点的浮游植物Shannon-Wiener多样性指数差异较大，丰水期和平水期多样性指数都较小，枯水期最大。

表3.12　禾泸水流域各断面浮游植物生物多样性

编号	采样点	多样性指数
64	早禾田	2.08
74	安福县	2.04
86	竹江乡	1.68

编号	采样点	多样性指数
95	吉安市坎村	1.49
97	吉安市横圳村	1.37
108	永新县	0.87
109	天河镇	1.77
65	井冈山东上乡	2.47
75	龙市镇	1.98
88	井冈山市	1.93
96	安福县	4.47
99	花田村	4.17
63	吉安县	4.22
83	永兴县	4.35
85	永阳镇	4.35
100	吉安市安福县木山虎村	2.13
110	吉安市永新县湖田村	2.34
119	吉安市永新县洋湖村	2.80
64	吉安市吉安县登龙乡田心村	2.48
74	吉安市泰和县石山乡	0.82
86	吉安市泰和县石坪村	1.90
95	吉安市井冈山市菖蒲村	1.40

3.1.3.2　着生藻类

着生藻类是指附着在水体基质上生活的一些微型藻类。着生藻类受水流的影响较小，在流速较大的流域，它们能比浮游植物更为准确地反映水质状况，是理想的水环境监测生物指标。2012 年和 2013 年的三个水文期调查禾泸水流域共采集到着生藻类 3 门 44 属 170 种（包括变种），其中丰水期 64 种、平水期 152 种、枯水期 145 种；按着生藻类类别来分，硅藻门 24 属 148 种，占 87.06%；蓝藻门 10 属 11 种，占 6.47%；绿藻门 10 属 11 种，占 6.47%。着生藻类的优势类群（按出现概率）为硅藻门，其中主要包括普通等片藻（*Diatoma vulgare* var. *producta*）、肘状针杆藻（*Synedra ulna* var. *contracta*）、矮小卵形藻（*Cocconeis diminuta*）、墨西哥桥弯藻（*Cymbella mexicana*）等。整个禾泸水流域着生藻类植物的平均细胞密度为 0.077×10^4 个/L，其中以硅藻的物种数量最为丰富，平均细胞密度为 0.047×10^4 个/L。着生藻类的种类多样性主要是以藻类细胞密度和种群结构的变化为基本依据评价水体的污染程度。采用多样性指数中的 Margalef 丰富度指数（D）、Shannon-Wiener 多样性指数（H）和 Pielou 均匀度指数（E）对禾泸水流域进行表征，评价结果如表 3.13 所示。

表 3.13　禾泸水流域“十二五”期间着生藻类生物多样性指数

编号	多样性指数	丰富度指数	均匀度指数
63	2.24	1.05	0.87
64	3.09	1.56	1.03
65	4.48	6.41	0.99
73	3.53	2.54	1.01
74	3.71	3.22	0.99
75	4.31	5.38	0.99
76	3.39	2.22	1.01
83	1.46	0.64	0.70
85	2.51	1.18	0.93
86	3.33	2.20	0.99
87	2.18	1.09	0.83
88	4.53	6.70	0.99
95	3.46	2.42	1.00
96	4.49	6.49	0.99
97	3.48	2.50	1.00
98	3.40	2.22	1.01
99	4.54	6.75	0.99
100	2.31	1.03	0.90
107	3.73	3.15	1.00
108	3.09	1.62	1.02

编号	多样性指数	丰富度指数	均匀度指数
109	3.36	2.14	1.01
110	1.81	0.71	0.87
119	1.86	0.65	0.89

3.1.3.3 浮游动物

根据调查，禾泸水流域共发现浮游动物42种，隶属3类19科。其中，简弧象鼻溞、脆弱象鼻溞和兴凯侧突水蚤占绝对优势，密度分别高达1 900个/L、1 500个/L和300个/L。不同水文期禾泸水流域的浮游动物群落多样性存在一定的差异，多样性指数表明，不同河道浮游动物物种丰富度差异较大。

3.1.3.4 鱼类

2009年和2010年调查发现，禾泸水流域鱼类共45种，其中丰水期发现鱼类23种，枯水期20种，平水期32种。就鱼的尾数而言，枯水期、平水期和丰水期优势种都为餐条，尾数分别为597尾、326尾和100尾；黄颡鱼、鲫鱼为次优势种。就鱼的重量而言，枯水期的优势种为餐条，重量为4.35 kg/（d·船）；平水期的优势种为黄颡鱼，重量为11.38 kg/（d·船）；丰水期的优势种为鲫鱼，重量为2.3 kg/（d·船）。

2012年和2013年禾泸水流域调查到标本的鱼类物种有118种，隶属11目22科74属。其中，以鲤科鱼类为主，占总数的58.5%，其次为鲿科9.3%，鳅科5.9%，鮨科5.1%，鳀科、银鱼科、鲇科、塘鳢科、鰕虎鱼科、斗鱼科和鳢科等各占1.7%，其余11科共占9.3%。

鲤科鱼类中，又以鮈亚科和鲌亚科最多，各占鲤科种类的23.2%，其次是雅罗鱼亚科和鳑鲏亚科，各占14.4%，鲃亚科占8.7%，鲴亚科占7.3%，鲤亚科、鳅鮀亚科和鲢亚科各占2.9%。其中，不少是中国江河平原区的特产鱼类，如青、草、鲢、鳙、鳡、鳊、鲂、红鳍鲌、银鲴、黄尾鲴、细鳞斜颌鲴及银飘鱼等。

3.1.3.5 大型底栖生物

2009 年和 2010 年调查发现，禾泸水流域底栖动物以摇蚊（*Chironmus* sp.）、格氏短沟蜷、方格短沟蜷为优势种，三个水文期发现的底栖动物物种数分别为丰水期 13 种、枯水期 16 种、平水期 14 种。其中丰水期密度最大的物种是格氏短沟蜷，达到 48 g/m^2，其次是方格短沟蜷；枯水期密度最大的物种是方格短沟蜷，达到 43 g/m^2，其次是河蚬；平水期密度最大的物种是摇蚊，达到 126 g/m^2，其次是中华颤蚓。

2012 年和 2013 年调查发现，禾泸水流域底栖动物以寡毛类的水丝蚓、霍甫水丝蚓（*Limnodrilus hoffmeisteri*）和蛭类，水生昆虫的蜉蝣、箭蜓、摇蚊等，甲壳类的中华齿米虾、沼虾和软体动物的椭圆萝卜螺、放逸短沟蜷（*Semisulcospira libertina*）、背留丽蚌、河蚬、铜锈环棱螺（*Bellamya aeruginosa*）、淡水壳菜等为常见类群。其中，发现敏感指示种有淡水壳菜、米虾两种。2012 年和 2013 年对禾泸水流域开展三次大型底栖生物的调查，发现三个水文期的物种分别为丰水期 13 种，枯水期 18 种，平水期 17 种；三个水文期中大型底栖生物以摇蚊、铜锈环棱螺、霍甫水丝蚓和放逸短沟蜷占优势，其中密度以放逸短沟蜷占绝对优势，平水期密度可达 88.89 个/m^2，生物量以铜锈环棱螺最高，可达 53.31 g/m^2。禾泸水流域的大型底栖生物物种多样性接近（表 3.14）。

表 3.14 禾泸水流域大型底栖生物多样性指数

编号	采样点	多样性指数	丰富度指数	均匀度指数
28	天河村	1.40	1.73	5.12
29	黄田村	1.23	1.42	8.25
30	坛头村	0.81	1.21	8.95
64	会口村	1.01	0.64	5.23
74	高步村	1.39	1.11	6.98
86	坎村	1.39	1.11	6.98
95	横圳村	0.69	0.50	6.75

编号	采样点	多样性指数	丰富度指数	均匀度指数
97	湘赣大道	0.36	0.24	8.18
108	上桥村	0.90	0.66	2.44
109	中屋下村	0.90	0.66	2.44
65	省道 334 边	0.69	0.37	8.70
75	花田村	1.12	0.79	8.03
88	店下村	1.59	1.29	5.59
96	草坪洲	0.64	0.42	9.13
99	螺塘村	1.22	0.72	8.11
63	木虎山村	0.57	0.53	7.00
83	湖田村	1.25	0.43	6.90
85	洋湖村	2.06	3.37	6.43
100	广湖村	0.21	0.75	9.31
110	石坪村	1.78	3.73	8.35
119	菖蒲村	1.41	2.48	5.96

3.1.3.6 水生湿生植物

2009 年和 2010 年，对该流域进行了河流水生湿生植被调查，发现水生植物 118 种，隶属 49 科 93 属。狭义水生植物类群主要分布在支流和支流与干流交汇的缓水区，且以马来眼子菜、苦草、金鱼藻、空心莲子草、轮叶黑藻占优势（表 3.15）。

表 3.15 河流水生湿生植被调查结果

禾水样方号	种名	密度/（株/m^2）	盖度/%	多度	生物量/（g/m^2）
1	大茨藻	1	2	1	9.5
	苦草	53	80	5	379
2	大茨藻	1 430	60	4	1 328
	菹草	11	10	2	27.2
	苦草	41	70	5	270

禾水样方号	种名	密度/（株/m²）	盖度/%	多度	生物量/（g/m²）
3	空心莲子草	16	20	2	37.7
	马来眼子菜	4	5	1	12.7
	刚毛荸荠	114	20	2	122.4
4	轮叶黑藻	3	10	2	5.6
	大茨藻	37	30	3	76.8
	苦草	18	40	3	33.6
5	苦草	64	50	4	437.6
	大茨藻	47	20	2	101.76
	金鱼藻	26	20	2	124.8
	轮叶黑藻	13	10	2	53.92
泸水样方号	种名	密度/（株/m²）	盖度/%	多度	生物量/（g/m²）
1	水蓼	6	15	2	8.81
	狗芽根	8	15	2	157.6
2	酸模	5	30	2	587.55
	蔊菜	1	1	1	1.75
	水竹叶	4	10	2	11.3
3	菹草	1 540	90	7	7 174.5
	大茨藻	22	10	2	73.55
4	狗芽根	14	30	2	234.4
	大茨藻	12	20	2	230.06
	菹草	276	50	4	2 954.75
5	马来眼子菜	62	50	4	540.8
	水蓼	8	20	2	29
	水芋	1	5	1	22.08

流域丰水期水生植物优势种为金鱼藻、苦草、轮叶黑藻和马来眼子菜。枯水期优势种为狐尾藻和苦草。水生植物类群主要分布在支流和支流与干流交汇的缓水区，且以沉水植物马来眼子菜、苦草、金鱼藻、空心莲子草、轮叶黑藻占优势。

苋科的空心莲子草（*Alternanthera sessilis*）、雨久花科的凤眼莲（*Eichhornia*

crassipes）和天南星科大薸（*Pistia stratiotes*）为流域 3 种恶性水生植物入侵耐污种，然而前两种在流域的分布非常广泛。在调查中还发现恶性入侵种水花生在所有样点中出现率高达 60%。

2012 年和 2013 年，江西省环境保护科学研究院联合湖北大学和华中农业大学调查研究了不同的水文期（丰水期、平水期、枯水期）流域河岸带和河内（沼泽、湖库、附近水田、池塘、江河溪流等）的水生湿生草本植物，发现种类 4 门 73 科 200 属 322 种，种类丰富的科属为禾本科（62 种）、菊科（27 种）、莎草科（26 种）和蓼科（21 种）；水草种类丰富的科属为水鳖科（9 种）、眼子菜属（9 种）、天南星科（7 种）；最为常见的草本科属为禾本科、菊科、蓼科、莎草科、苋科、玄参科、天南星科、十字花科和浮萍科，最为常见的水草科属为禾本科、莎草科、浮萍科、水鳖科、眼子菜科、金鱼藻科、苋科和雨久花科；稀有科属为泽泻科冠果草属和泽泻属、狸藻科狸藻属、睡莲科萍蓬草属和芡属、荨麻科糯米团属、水蕹科水蕹属及水藓科水藓属。

3.1.3.7　河流健康评价

大型底栖动物是水生态系统中最重要的定居动物代表类群之一，它影响着水生态系统中营养物质的分解与循环；对环境变化反应敏感，当水体受到污染时，该生物类群的群落结构将发生明显变化，目前是河流水质状况监测所惯用的一项重要指标。

2012 年和 2013 年三个水文期对禾泸水流域非涉水性急流河段和可涉水性的上游支流采样点进行大型无脊椎动物的采集与鉴定分析，而后用于河流的健康评估。底栖动物 IBI 是目前使用较多的用来评价水域健康状况的指数，故采用底栖动物 B-IBI 评价方法来评价禾泸水流域的河流生态系统健康状况。选择了总分类单元数、甲壳和软体动物分类单元数、甲壳和软体动物占比和均匀度指数 4 个生物参数，其中总分类单元数与甲壳和软体动物分类单元数这两个指标反映了群落丰富度特征；甲壳和软体动物占比和均匀度指数分别反映了种类个体数量比例和生物的耐污能力。采用比值法来计算生物指数值，其计算公式如表 3.16 所示。

表 3.16　比值法计算 3 个参数分值的公式

生物参数	分值计算公式
总分类单元数	总分类单元数/13
甲壳和软体动物分类单元数	甲壳和软体动物分类单元数/11
甲壳和软体动物占比	甲壳和软体动物占比/1
均匀度指数	（9.18−均匀度指数）/（9.18−3.46）

将各指标的分值进行加和，得到 B-IBI 的指数值，其评价标准见表 3.17。

表 3.17　禾泸水流域 B-IBI 健康评价标准

健康	亚健康	一般	较差	极差
＞2.69	2.02～2.69	1.35～2.02	0.67～1.35	0～0.67

根据表 3.17 的评价标准对禾泸水流域内三个不同水文期的水体健康状况进行初步评价，结果表明在枯水期所有存在有效数据的 5 个采样点中，1 个为健康，3 个为一般，1 个为较差；在平水期 7 个采样点中，1 个为亚健康，4 个为一般，2 个为较差；在丰水期 6 个采样点中，1 个为亚健康，4 个为一般，1 个为极差。总体来说，禾泸水流域河流处于亚健康和一般状态（具体评价结果见表 3.18）。

表 3.18　禾泸水流域河流生态健康评价结果

点位	采样点名称	水系	B-IBI	健康状况
64	会口村	泸水	1.94	一般
74	高步村	禾水	1.72	一般
86	坎村	禾水	1.33	较差
95	横圳村	禾水	1.30	较差
97	湘赣大道	禾水	1.83	一般
108	上桥村	禾水	1.61	一般

点位	采样点名称	水系	B-IBI	健康状况
109	中屋下村	禾水	2.49	亚健康
65	省道 334 边	赣江支流	0.92	较差
75	花田村	小溪	1.86	一般
88	店下村	禾水	1.55	一般
96	草坪洲	禾水	1.90	一般
99	螺塘村	禾水	3.16	健康
63	木虎山村	泸水	0.36	极差
83	湖田村	禾水	1.55	一般
85	洋湖村	禾水	1.87	一般
100	广湖村	禾水	1.91	一般
110	石坪村	拿山河	2.14	亚健康
119	菖蒲村	拿山河	1.50	一般

3.1.4 流域陆域生态系统状况与自然保护区建设现状

3.1.4.1 陆域生态系统现状

流域内地貌以山地丘陵为主，山脉属于罗霄山脉，包括井冈山和武功山，山体多呈北北东—南南西走向。境内群峰密布，山脊纵横，海拔 1 000 m 以上的高峰有青龙山、八面山、高天岩、湖阳顶、天湖山、五指峰、金顶、齐云山等 10 余座。整个地势为西、南、北三面高峻，东部低倾，中山约占 20%，低山约占 32%，丘陵约占 48%。

流域内植物区系较为复杂，主要植被类型有常绿阔叶林、落叶阔叶林等 12 个植被类型，92 个植被群系，维管束植物达 3 400 多种，其中常绿阔叶林，以樟科、木兰科、杜英科、金缕梅科、冬青科的植物占优势，主要建群种有青冈、青栲、栲树、甜槠、楠木、木荷、鹅掌楸、苦槠、石栎等；针阔叶混交林，以杉木、马尾松和阔叶树混交为主；针叶林，多分布在低山和丘陵地区，有人工林，也有天然林；常绿与落叶混交林，主要分布在 800 m 以上的中山地带；落叶阔叶林，乔木以壳斗科的落叶树为主，如小叶栎、麻栎、茅栗等；海拔 1 500 m 以上的有福建柏、台湾松、山顶草地、灌丛等。珍稀植物包括南方红豆杉、香果树、伯乐树、杜仲、凹叶厚朴、福建柏、伞花木、独花兰、紫茎、黄檗、白豆杉、资源冷杉、野茶树、乐东拟单性木兰、水松、绒毛皂荚、长苞铁杉、沉水樟等。区内还有世界上同纬度保存最完整的中亚热带天然常绿阔叶林，是研究中国乃至全球中亚热带生物资源的重要基地。

3.1.4.2 自然保护区建设现状

截至 2015 年年底，禾泸水流域已建立自然保护区 24 处，总面积 57 573 hm^2，占全省国土面积的 0.35%。其中国家级自然保护区 1 处、省级 5 处、市县级 18 处，面积分别为 21 449 hm^2、10 500 hm^2、25 624 万 hm^2，分别占全省自然保护区总面积的 1.83%、0.89%、2.18%，林业自然保护区是禾泸水流域自然保护区建设的主体。截至 2015 年年底，已建设的自然保护区涵盖了禾泸水流域大量的森林生态系统和湿地资源，在保护野生动植物、湿地和生物多样性，维持生态平衡，维护国土生态安全中发挥了巨大作用，为建设富裕和谐秀美吉安奠定了坚实的生态基础（表 3.19）。

表 3.19 禾泸水流域自然保护区名录

序号	名　称	级别	类型	所在地	设区市	面积/hm^2	批建年份
1	井冈山自然保护区	国家级	森林	井冈山	吉安	21 449.00	2000
2	七溪岭自然保护区	省级	森林	永新	吉安	10 500.00	2010
3	井冈山大鲵自然保护区	省级	动物	井冈山	吉安	1 002.27	2015
4	铁丝岭自然保护区	省级	森林	安福	吉安	1 501.00	2014
5	高天岩自然保护区	省级	森林	安福、莲花	吉安、萍乡	4 780.00	2010
6	羊狮慕自然保护区	省级	森林	安福、莲花	吉安、萍乡	7 006.00	1995

序号	名　称	级别	类型	所在地	设区市	面积/hm^2	批建年份
7	河坑自然保护区	县级	森林	吉安	吉安	4 367.00	2000
8	罗口自然保护区	县级	森林	吉安	吉安	2 420.00	2000
9	樟坑自然保护区	县级	森林	吉安	吉安	2 345.00	2000
10	银湾桥自然保护区	县级	森林	吉安	吉安	973.00	2000
11	江口自然保护区	县级	森林	吉安	吉安	1 052.00	2000
12	福华山自然保护区	县级	森林	吉安	吉安	827.00	2000
13	娑罗山自然保护区	县级	森林	吉安	吉安	340.00	2000
14	大桥自然保护区	县级	森林	吉安	吉安	1 380.00	2000
15	天河三分岭自然保护区	县级	森林	吉安	吉安	3 300.00	2000
16	君山湖自然保护区	县级	湿地	吉安	吉安	1 330.00	2000
17	油田—新源自然保护区	县级	森林	吉安	吉安	660.00	2000
18	南坪水源涵养林基地自然保护区	县级	森林	安福	吉安	2 200.00	1989
19	三天门自然保护区	县级	森林	安福	吉安	521.00	1997
20	明月山自然保护区	县级	森林	安福	吉安	1 138.00	1997
21	社上珍珠台自然保护区	县级	森林	安福	吉安	155.00	1997
22	桃花洞自然保护区	县级	森林	安福	吉安	331.00	1997
23	太源坑自然保护区	县级	森林	安福	吉安	435.00	1997
24	猫牛岩自然保护区	县级	森林	安福	吉安	349.00	1997

3.1.4.3　自然保护区管理

江西省政府有关部门出台了一系列关于加强自然保护区建设和管理的规范文件，如省林业厅出台了《江西省自然保护区管理工作细则》，并率先在我国启动了自然保护区“一区一法”工作；吉安市及相关县（市）和自然保护区也制定了相应管理办法、规范化管理制度，极大地促进了禾泸水流域自然保护区建设管理水平的提高。

在保护区管理方面，井冈山自然保护区成立江西井冈山国家级自然保护区管理局，内设10个科室（所），5个站，分别为办公室（与党委办公室合署）、资源保护管理科、规划建设科、社区管理科、经营管理科、武装部、计划生育办公室、群团科、野生动植物保护研究所、森林防火指挥中心办公室、大井保护站、行洲保护站、小溪洞保护站、罗浮保护站、湘洲保护站，均为正科级单位。其他自然保护区与林业工作站（林业局）合署，没有具体人员编制，均为代管人员，也为加强自然保护区资源管护奠定了基础。

在资金保障方面，井冈山国家级自然保护区由省财政保障日常运行经费，由中央财政保障基础设施建设资金，建设资金共约2 000万元/a。此外，井冈山国家级自然保护区通过与国内外基金会、科研院所等合作，能够争取一部分科研经费。省级自然保护区纳入省财政预算，每年投入1 000万元，主要用于省级自然保护区基础建设和本底调查等工作。县级自然保护区纳入市县级财政预算，主要用于完善边界标桩建设，购置巡护管理、科研监测基础设施设备，提升管理水平。

在科研方面，井冈山国家级自然保护区还设立了国家级或省级疫源疫病监测站，开展包括禽流感、林业有害生物等方面的监测工作，开展了野生生物资源的驯养和开发利用研究，进行了五步蛇的饲养和活蛇取毒及人工饲养黄腹角雉等；“井冈山自然保护区考察研究”获江西省1994年度科技进步二等奖。省级和市县级自然保护区也逐步启动了本保护区内本底资源调查和主要资源的监测等工作。

在宣传教育方面，各级政府坚持每年开展以“湿地日”“爱鸟周”和“保护野生动物宣传月”为主题的宣教活动，这些活动成为展示吉安良好生态环境、开展对外交流合作、弘扬生态文化的重要阵地。井冈山自然保护区被命名为“全国未成年人生态道德教育先进单位”和“全国野生动物保护科普教育基地”等，这些保护区已建设成为禾泸水流域生态文明教育的重要窗口。

3.2 流域水污染物排放状况

3.2.1 流域水体污染物排放现状

2015 年禾泸水流域径流污染物排放情况如表 3.20 所示，由表 3.20 可见，流域内废水排放量均以生活污水排放最高，生活源排放占废水排放总量的 2/3 左右。从各污染物的排放来看，以城镇生活污水 COD_{Cr} 排放最高，其次是农业源排放，再次是规模化养殖排放，最后是工业废水排放；总氮（TN）主要来源于规模化养殖，其次是农业源；总磷（TP）污染主要是农业源，其次是规模化养殖；氨氮污染主要来源于生活污染，其次是规模化养殖，来自工业污染的量较低。根据距离河流的远近，近河区废水污染物的入河系数按 0.5 进行估算，种植业的总氮和总磷入河系数取 0.8，水产养殖业取 1.0，圈养型畜禽粪便农用堆肥综合利用率较高但均离河较近，污染物入河系数一般按 0.3 进行估算，城镇生活污水污染物入湖系数取 0.85。根据上述系数计算，禾泸水流域污染物入河量中 COD 和氨氮以生活源为主，TP 和 TN 以农业源为主（表 3.21）。

表 3.20 2015 年禾泸水流域径流污染物排放量

流域名称	类型	污染源	废水排放量/（万 t/a）	COD_{Cr}/（t/a）	TP/（t/a）	TN/（t/a）	氨氮/（t/a）
禾泸水	点源	生活源	3 908.03	13 222.07	0.00	0.00	1 686.43
		工业源	913.66	1 186.97	0.00	0.00	27.25
		规模化养殖	—	8 938.59	410.35	1 999.24	612.90
	面源	农业源	—	10 333.30	651.76	4 521.78	979.48
总 计			4 821.69	33 680.93	1 062.11	6 521.02	3 306.06

表 3.21　禾泸水流域径流污染物入河量　　单位：t/a

流域名称	类型	污染源	COD_{Cr}	TP	TN	氨氮
禾泸水	点源	生活源	11 238.76	0.00	0.00	1 433.47
		工业源	1 008.92	0.00	0.00	23.16
		规模化养殖	2 681.58	123.11	599.77	183.87
	面源	农业源	5 166.65	325.88	2 260.89	489.74
	总　计		20 095.61	448.99	2 860.66	2 130.24

3.2.2　流域水体污染物排放量预测

在维持现有处理现状，考虑到流域人口的持续增加（2016—2020 年按 7.04‰计算）、地区生产总值按年均 10%计算（数据来源于《2014 年吉安市国民经济和社会发展统计公报》《中共吉安市委关于制定全市国民经济和社会发展第十三个五年规划的建议（草案）》）、现有规模化养殖业发展不变的情况下，到 2020 年禾泸水流域年废水排放总量约为 3 228.65 万 t，COD_{Cr} 入湖量为 11 724.32 t/a，氨氮入湖量为 1 913.79 t/a，TN 入湖量为 1 643.09 t/a，TP 入湖量为 153.21 t/a，具体如表 3.22 所示。

表 3.22　2020 年禾泸水流域各污染物排放量预测汇总情况　　单位：t

污染源	主要污染物入河量			
	COD_{Cr}	氨氮	TN	TP
城镇生活	5 008.31	667.88	802.87	59.39
工业	2 440.89	761.72	0.00	0.00
规模化养殖	1 612.61	147.83	449.65	69.90
农村生活	2 662.50	336.36	390.57	23.92
合计	11 724.31	1 913.79	1 643.09	153.21

3.3　流域水环境承载力现状

3.3.1　水环境容量计算

采用河海大学逄勇、罗清吉开发的“水质及水环境容量计算模型”对禾泸水流域水环境容量进行计算，模型计算所需参数如下。

3.3.1.1　控制指标

根据禾泸水近几年的水质监测资料和污染调查资料，确定以 COD、氨氮、TN、TP 这 4 项污染物作为水环境容量计算的控制指标。

3.3.1.2　水质目标

水质的总体控制目标应保证在《地表水环境质量标准》（GB 3838—2002）Ⅱ类或Ⅱ类限值以下，才能满足区域社会经济可持续发展的需求。

考虑到近些年来流域周边经济的迅速发展以及旅游业规模日益扩大，使得排入禾泸水的污染物已经对流域水环境造成了一定的影响，例如入河口附近和污染物排放口较为集中的水域目前已经对水体自净形成了一定负担，可以适当地调整放宽水质控制目标。但为了该区域的长远发展和水体环境的自净再生循环，限定这类特定水域的水质不能超过《地表水环境质量标准》（GB 3838—2002）的Ⅲ类标准。

3.3.1.3　水质降解系数

污染物的生物降解、沉降和其他物化过程，可概括为污染物水质降解系数，主要通过水团追踪试验法、实测资料反推法、类比法、分析借用法等方法确定。常用的水质降解系数确定方法主要有实测资料反推法和分析借用法。

1）实测资料反推法

选取一个顺直、水流稳定、无支流汇入、无入河排污口的河段，分别在其上游（A 点）和下游（B 点）布设采样点，监测污染物浓度值和水流流速，按式（3.1）

计算 K 值。

$$K = \frac{u}{\Delta x} \ln\left(\frac{c_A}{c_B}\right) \tag{3.1}$$

式中：Δx ——上下断面之间距离，m；

c_A ——上断面污染物浓度，mg/L；

c_B ——下断面污染物浓度，mg/L。

2）分析借用法

根据计算流域以往工作和研究中的有关资料，经过分析检验后可以采用。

无资料时，可借用水力特性、污染状况及地理、气象条件相似的邻近河流的资料。

禾泸水流域水环境容量计算时污染物综合降解系数的确定拟采用分析借用法进行。

3.3.1.4 设计水流量

设计水流量在水环境容量的计算中是最重要的决定因素，一般采用近 10 年最低月平均水位或 90%保证率最枯月平均水位相应的流量作为设计水量。

一般条件下，水文条件年际、月际变化非常大。作为计算水环境容量的重要参数，本研究采用相关县（市、区）水利志统计最枯月平均水位相应的水量作为禾泸水设计流量条件。

3.3.1.5 水体中污染物浓度

水体中污染物现状浓度是影响水环境容量计算的主要因素之一，污染物现状浓度高低直接决定了河流水体水环境容量，水体中污染物浓度一般取水利、环保等相关部门的监测数据。由于基础资料缺乏，禾泸水流域水环境容量计算时，水体中污染物浓度计算取禾水支流牛吼江北岸电站断面监测数据。

3.3.1.6 河流基本参数

河流基本参数是确定水环境容量的基础，主要包括岸边形状、水底地形、水深、平均宽度、平均水深、河道长度等。本书进行水环境容量计算时，以相关（市、区）水利志描述的河流基本参数为基础。

3.3.1.7　相关参数确定

综上所述，查阅相关资料和监测数据，禾泸水流域水环境容量计算所需参数取值情况如表 3.23 和表 3.24 所示。

表 3.23　地表水环境质量标准　　单位：mg/L

主控污染物	牛吼江北岸电站断面监测数据	污染物控制目标	
		Ⅱ类	Ⅲ类
COD	5.3	15	20
氨氮	0.089	0.5	1.0
TN	0.74	0.5	1.0
TP	0.079	0.1	0.2

表 3.24　水环境容量计算边界条件

参数	数值
水质降解系数/（1/d）	0.25
上游来水量/（m^3/s）	28.5
支流流量（包括废水量）/（m^3/s）	3.15
安全系数（量纲一）	0.8
河道宽度/m	45
河道平均水深/m	0.78
河道长度/km	129.22

3.3.2　禾泸水水环境容量

3.3.2.1　禾泸水主控污染物水环境容量计算

采用河海大学逄勇、罗清吉开发的“水质及水环境容量计算模型”，选取 COD、氨氮、TN 和 TP 4 项污染指标作为研究对象，计算流域环境容量。计算结果如表 3.25 所示。

表 3.25 禾泸水环境容量计算结果 单位：t/a

水质标准	COD	氨氮	TN	TP
Ⅱ类	13 133.07	500.80	32.72	56.16
Ⅲ类	18 781.03	1 065.60	597.52	169.12

3.3.2.2 水环境容量与污染物预测排放量对比

各污染物排放量与计算的禾泸水各项环境容量的指标比较如表 3.26 所示。

表 3.26 现状污染物入河量与水环境容量比较

污染物名称		现状污染物入河量/（t/a）	水环境容量/（t/a）	剩余容量/（t/a）	剩余容量比率/%	超标率/%
Ⅱ类水质标准	COD	10 534.63	13 133.07	2 598.44	19.8	—
	氨氮	1 590.42	500.80	−1 089.62	—	217.6
	TN	1 601.96	32.72	−1 569.24	—	4 796.0
	TP	150.34	56.16	−94.18	—	167.7
Ⅲ类水质标准	COD	10 534.63	18 781.03	8 246.4	43.9	—
	氨氮	1 590.42	1 065.60	−524.82	—	49.3
	TN	1 601.96	597.52	−1 004.44	—	168.1
	TP	150.34	169.12	18.78	11.1	—

由表 3.26 可知，在禾泸水水体水质目标规定为地表水Ⅲ类水质目标和部分水体Ⅱ类水质目标的情况下，除 COD 外，各项指标水环境容量与现状入河量相比，全部指标的水环境容量均难以支撑区域可持续发展。若按Ⅱ类水质标准，氨氮、总氮和总磷超标率分别为 217.6%、4 796.0%和 167.7%。若按Ⅲ类水质标准，总磷尚有 11.1%的余量，氨氮和总氮分别超过水环境容量 49.3%和 168.1%。

综上所述，对流域经济发展和禾泸水水质存在影响风险的主要制约因子为氨氮和总氮，其主要污染来源于居民生活用水、畜禽养殖、化肥流失和水产养殖（已包含在农业面源污染统计中）。因此，流域今后需要加快乡镇和农村生活污水处理设施建设，提高生活污水处理率，对湖区周边畜禽养殖采取污染治理措施，并科学合理使用农药化肥，采用适当措施减少氨氮、总氮及其他污染物的排放量，以保障禾泸水水环境质量。

3.3.3　影响水环境承载力的主要因素

影响和危及流域内水环境承载力的主要因素有以下几个方面：

3.3.3.1　农村面源污染

污染物主要来自农药、化肥、农膜、禽畜粪便、生活污水和垃圾等。随着经济的发展和人口的增加，特别是近年来，国家各项惠农政策的出台，以及大力发展果业，农村面源污染有所增加，对禾泸水水质产生影响。

3.3.3.2　土壤酸化

本区土壤属红、黄壤系列的山地土壤，在亚热带温暖湿润的生物气候条件下，物质的强烈风化分解和淋溶淀积结果，盐基先后淋失，铁、铝氧化物聚积，使土壤呈酸性反应。土壤的 pH A 层在 4.7～5.3，B 层在 4.9～5.3，C 层在 5.1～5.6。这可能导致水体酸度大，影响水生生物的生长和植被的恢复。

3.3.3.3　区域资源和生态环境保护与经济发展矛盾比较突出

与沿海发达地区相比，禾泸水流域涉及的吉州区、吉安县、安福县、永新县、泰和县和井冈山市经济尚不发达，随着区域经济的快速发展，发展与保护的矛盾将更加突出。由于近年来国家对革命老区发展重视程度越来越高，沿海发达经济地区将一些高污染、高耗水和高能耗的传统污染企业向本区域转移的可能性不断增加，将直接危及流域生态环境，尤其是禾泸水环境。

3.4　流域生态环境问题识别

3.4.1　区域饮用水水质由Ⅰ类到Ⅱ类向Ⅲ类转化，水质呈波动性变化

按照《江西省地表水（环境）功能区划》，全省饮用水水源地水质目标为Ⅱ～

Ⅲ类。根据 2014 年和 2015 年禾泸水流域各饮用水水源地的监测数据，饮用水水源地超标因子主要为总氮和总磷，其他监测指标均达到地表水Ⅲ类水质标准。水质在时间序列上呈波动性变化，整体水质由Ⅰ～Ⅱ类向Ⅲ类转变趋势明显。

3.4.2 饮用水水源地安全保护建设滞后，环境监测能力较弱，难以应对紧急事件

按照国家要求环境保护主管部门对饮用水水源地及备用水水源地污染防治实施统一监督管理，应对饮用水水源地取水口、备用水水源地取水口水质按《地表水环境质量标准》（GB 3838—2002）表 1 的常规项目进行日常监测，两个月监测一次，每年全分析一次，确保水源地水质达到《地表水环境质量标准》（GB 3838—2002）Ⅱ类标准。同时做好饮用水水源、备用水水源污染防治的宣传工作，在确定的饮用水保护区设立界牌、界标，并定期发布水质信息。流域内县级集中式饮用水水源地共有 4 处，位于禾泸水流域沿线。但目前 4 县（市）尚未进行饮用水水源保护区划定，饮用水水源地取水口附近基本未设置相应的隔离设施、标示牌、警示牌或法律法规宣传栏等标识。各县环保局未能实现两个月一次的监测频率，监测项目也仅为常规 26 项监测项目，环境监测能力滞后问题亟待解决。

3.4.3 流域水体营养状态整体呈贫营养—中营养，枯水期部分河段水体中蓝藻成为优势类群之一，这些流域生态安全问题需引起重视

禾泸水流域水体富营养化状态总体呈贫营养—中营养状态，通过 2012—2013 年丰水期、枯水期和平水期三个水文期的调查发现，枯水期和平水期禾泸水部分河段浮游植物群落中蓝藻门类小席藻成为优势类群之一，蓝藻门优势物种的出现表明禾泸水部分河段水体呈现一定程度的富营养化趋势。总体来看，流域的浮游植物类群从丰水期河流特征的绿藻门、硅藻门演替为部分河段蓝藻门占优势，表明禾泸水流域外源输入增加，水质恶化，水体富营养化风险凸显。因此，需要

在流域尺度上降低入河负荷，开展流域生态安全的保护与河流生态治理，阻止局部河段富营养化趋势的蔓延，使河流生态环境逐步趋于稳定。

3.4.4 流域局部水环境污染呈加重趋势，饮用水水源地水质污染风险较高

3.4.4.1 主要工业污染源

据调查，流域内 5 县（市）、1 区（泰和县 6 乡镇和吉州区 2 乡镇均不涉及工业污染）工业主要分布在县（市）工业园内，工业园园区以建材、化工、食品与机电制造等为主导产业，包括食品、新型塑料、高新材料、生物化工、农林产品加工等多个领域，其中，吉安县工业园被评为江西省先进工业园区。5 县（市）、1 区工业园均建有污水处理厂并投入使用，其他企业均建有污水处理设施，工业污水经预处理达到《污水排入城市下水道水质标准》（CJ 3028—1999）规定的允许浓度要求后排入水体。但是达标废水中的主要污染物 COD_{Cr}、氨氮仍会对流域造成一定的污染。

3.4.4.2 主要生活污染源

目前，流域内安福县、吉安县、永新县、井冈山市、泰和县和吉州区县城均有一套完整的市政环卫系统作为支撑，为居民提供垃圾收集、垃圾分类和垃圾集中处理的服务，并建有排污管网和集中的污水处理设施对污水进行净化处理。各县市农村也基本形成了一套完整的垃圾收运体系，农村垃圾问题得到一定程度的解决。但由于广大农村村落布局分散、居住分散以及经济发展水平低，流域内大部分村落没有生活污水收集和处理设施，造成污水直接进入流域水体，影响流域水体水质。

根据调查，2014 年流域内总人口数超过 160 万人，生活污水排放总量超过 2 500 万 t。

3.4.4.3 景区污水和垃圾污染源

目前，流域内 2 个国家级森林公园年接待游客量超过 100 万人次。年排放量超过 800 万 t，年产生生活垃圾量为 500 t 左右。据统计，2014 年区域内接待游客

量达到 1 199.03 万人。

3.4.4.4 农业面源污染源

区域面污染源主要分为农业面源和畜禽养殖污染源。

（1）农业面源：主要来源于流域内乡镇的畜禽粪便、农药、化肥等农业生产投加品。用药后农药瓶、袋弃置于沟渠边、池塘旁或施药后雨水冲洗，部分农药污染水体，造成对水质的污染。农村散养畜禽，粪肥路边堆放，雨水冲淋，地表径流污染水体，农村积粪便池春夏雨水过多时外溢污染。

（2）畜禽养殖污染源：流域规模化畜禽养场数量超过 150 家，以生猪、肉鸡、鸭养殖为主。大部分畜禽养殖场污水治理措施未能满足《畜禽养殖业污染排放标准》的排放要求，仍然存在相当一部分养殖废水未经处理而随地表径流直排附近水体的现象。

3.4.5 部分区域存在矿产资源开发现象，导致流域水土保持能力较弱、水土流失轻度增加

禾泸水流域罗霄山区是江西多雨地区之一。暴雨多、范围广、强度大，极易形成大洪水或特大洪水，对工农业生产和人民生活及生态环境破坏很大。“水灾一条线，旱灾一大片”是禾泸水流域水旱灾害的显著特征。

根据江西省水土流失遥感调查结果，禾泸水流域水土流失面积超过 150 km^2，占全市土地面积的 15%以上，其中轻度流失面积为 38.72 km^2，中度流失面积为 19.59 km^2，强度流失面积为 20.54 km^2，极强度流失面积为 4.63 km^2，剧烈流失面积为 1.51 km^2。禾泸水流域以水力侵蚀为主，有的小流域山势较缓，植被较好，覆盖率较高，水土流失较轻，但有的小流域山高坡陡，植被稀疏，在径流的作用下土壤极易被冲刷，产生大量泥沙。另外，各条小流域的山洪沟狭窄，沟岸坡陡，在水力的冲刷和其自身的重力作用下，极易产生崩岸和滑坡。严重的水土流失，使土层变薄，土壤肥力大量流失，土壤生产力降低，河岸崩塌，泥沙淤积河道、水库，造成河床抬高，河水漫淹，给周边人民生命财产安全带来严重威胁。

基于此，吉安市每年下达一定的资金用于该流域水土流失的治理工作。2016 年，禾泸水流域的吉安县、永新县、井冈山市等县（市）获得该项资金，资金总额超过 1 500 万元，计划治理水土流失面积超过 30 km^2。

3.4.6　水资源量充足，但受季节影响较大，加上城市扩张与人口增加，导致生产生活用水供应不足

河水的来源称为河水的补给，主要包括雨水、季节性积雪融水、冰川融水、地下水和湖沼水 5 种类型，禾泸水流域禾水补给主要为雨水。江西地处北回归线附近，全省气候温暖，雨量充沛，年均降水量 1 341～1 940 mm，但季节差异较大，相应地禾泸水流域水位随降水的季节变化而升降，降水多的季节水位高，为洪水（汛）期；降水少的季节水位低，为枯水期，流域水资源数量不稳定。加之经济发展、城市扩张，人口不断增加，导致水量不足、供应紧张，有时出现断流现象，水资源供需矛盾不断加大。

3.4.7　滨水带植被盖度较高，但局部河段滨水缓冲带严重受损、水土流失严重

禾泸水流域滨水带植被覆盖度较高，尤其是源头区和拿山河河段，滨水带开发率极低。但局部河段（县城、集镇所在地）缓冲带受损较重，人为开发强度大，农垦区面积和荒坡裸地面积较大，该区域的滨水缓冲带生态系统完整性受损较重，导致雨期（平水期和丰水期）水质监测断面的水质明显劣于枯水期。因此，需加强流域湖滨缓冲带和河滨缓冲带的湿地功能的恢复，提高区域水质保持能力，降低生境进一步退化的风险。

3.4.8　自然保护区管理能力建设不均衡，机构建设不健全，人员配备不完善

禾泸水流域各级自然保护区能力建设中，国家级自然保护区能力建设水平最

高，其后依次是省级自然保护区、市级自然保护区和县级自然保护区，这直接影响了各级政府在日常管理制度、保护目标与管理计划的制订、人事激励与人员培训、基础设施建设与设备使用等方面的能力建设力度。国家级自然保护区和省级自然保护区每年会获得一定的中央和省级财政补贴，能够开展以资源保护、科学研究、环境教育等业务工作为主的相关保护工作。而市级自然保护区和县级自然保护区都缺乏应有的投入，基础设施薄弱，管理经费短缺，日常管护、科研等工作发展迟缓，无力挖掘自然保护区内更多潜力，严重影响了保护和管理效果。

为保证该流域生态系统丰富，市县级政府应将自然保护区的日常建设和管理经费纳入各级人民政府的“十三五”发展规划，由自然保护区所在市县级以上人民政府逐年安排资金，中央逐步加大对自然保护区建设的补助，保护区广泛争取社会各界和国内外热心于自然保护的团体和人士的资助，积极实施开发各项经济活动，建立起以国家和当地政府投入为主，自然保护区自筹和国内外捐助相结合的投入机制，从根本上解决保护区的发展问题。

由于流域生态环境的研究基础相对薄弱，历史数据积累少，现状不够清楚，为了摸清家底、更为准确地诊断生态环境问题，建议开展流域社会经济影响、湖泊生态服务功能价值评估、湖泊生态系统健康和湖泊生态安全的综合调查与评估，未开展的工作建议在规划工程任务中首先开展。

3.5 生态环境保护面临的形势

3.5.1 水污染形势依然严峻

长期以来，禾泸水流域对农村面源污染重视程度依然不够、投入很少，农业集约区的农药化肥污染和畜禽养殖污染严重，除少数已开展水污染治理试点村庄外，大多数农村污染没有得到有效治理，普遍存在污水直排和垃圾倾倒至水体的现象。随着中下游流域工业的快速发展，工业点源污染负荷明显增加，一些企业废水排放尚不能稳定达标，禾泸水水环境污染风险与日俱增。

3.5.2　城镇生活污水治理设施还不完善

流域内已建成的安福县、永新县、吉安县、井冈山市的污水处理厂（一期）仍停留在以去除 COD 为主的阶段，总氮、总磷等污染指标还未纳入污染治理和控制范围，且污水处理厂的现有配套管网建设滞后，雨污分流体系不完善，污水不能完全收集入网，导致污水处理厂进水浓度偏低，降低了污水处理设施的效率；同时污水处理厂未考虑污泥的资源化利用和安全处置。此外，流域内广大农村生活污水还未得到合理处理，直接排放至周边河道，汇入禾泸水。

3.5.3　社会开发活动与生态环境保护矛盾加大

3.5.3.1　经济社会发展、旅游开发与生态环境保护的矛盾突出

近年来，安福县、井冈山市、吉安县经济快速增长，城镇人口大量增加，导致入河污染物排污总量不断增加；井冈山风景名胜区是国家 5A 级景区，武功山风景名胜区是国家 4A 级景区，三湾国家森林公园和武功湖景区是区域内著名的游览地，井冈山机场是赣西重要的支线机场，2014 年接待游客超过 1 199.03 万人次/d，旅游总收入已超过 89.6 亿元，但是日益增长的旅游产业和旅游需求，与集中式污水处理设施、垃圾收集转运设施仍然处于较低的处理水平不相匹配，也完全不能满足日益增长的旅游市场对区域生态环境承载最佳负荷和最优处理的市场与环境监管要求，导致经济发展给水体及生态环境保护带来日益突出的防治压力。

3.5.3.2　产业结构及布局不尽合理

由于历史的原因，流域内经济发展曾极为缓慢，东部沿岸产业转接机遇期内不分污染类型盲目引资以及分布的有色金属采选等重污染企业在区域内开发数十年，这些企业与区域环境功能区划存在一定的矛盾，并且矿产资源开采所产生的废水、废渣及生态环境问题较为突出。

3.5.4 生态环境监管能力仍然薄弱

3.5.4.1 生态环境保护资金投入不足

禾泸水水污染防治工作是一项系统工程，牵涉面广，存在不少历史遗留问题，部分水域治理难度偏大，需要投入大量资金。然而由于地方财力有限，生态环境保护和建设能力的投入不足，环境监测、生态监测手段和执法能力相对落后，导致禾泸水沿岸的开发建设活动破坏了地形地貌、土壤和植被。

3.5.4.2 环境监测能力有待进一步改善

流域内设置为数不多的水质自动监测站，其他点位水质监测主要依靠人工监测方式进行，禾泸水系上未设省市级监测断面。因监测人员、经费、设备不足，工作车船陈旧，应急能力不足等条件的限制，监测频次为每两个月 1 次，监测项目仅有 24 项，远远不能满足重点流域水环境监测的要求，也不能动态反映水系污染水情水质变化趋势，严重制约了流域水污染防治科学决策能力和预警应急能力。

3.5.4.3 监管难度较大

流域面积大，地势起伏明显，部分污染源深藏大山深处，监管难度极大，仅靠县市环保局的人力远远不够。

3.5.4.4 部门分割管理，缺乏相应的合作机制

流域开发、利用与保护涉及众多部门和行政区域，长期以来有关部门各自为政，职能交叉，地区之间存在一定的利益冲突，缺乏协作机制，生态环境保护与建设工作难以达到预期目标。

3.5.4.5 地方治理意识跟不上政策步伐

禾泸水保护牵涉面广，要真正使其水质清洁优良不断优化，还需要建立一套治理的长效机制，使用行政、经济、法律、宣传教育等综合手段，才能够见到实效。

第4章

生态环境保护目标方案

4.1　总体目标

建立禾泸水流域核心区污染控制和综合整治系统，形成较完善的污染防治体系和统一高效的协调机制，使流域内主要污染源得到有效控制；禾泸水在确保Ⅲ类水质的基础上稳步提高，遏制禾泸水局部水域富营养化趋势；建立健全饮用水水源地安全监测系统和预警体系，集中式饮用水水源地水质达到国家相关标准，确保饮用水安全；禾泸水流域核心区生物多样性得到较好的保护，实现生态系统良性循环，人与自然和谐相处。

4.1.1　近期目标

4.1.1.1　水质目标

截至 2019 年，禾泸水出水水质整体保持到Ⅲ类，部分指标优于Ⅲ类甚至达到Ⅱ类水平，主要水质指标中高锰酸盐指数和氨氮稳定在Ⅱ类，TN、TP 浓度有所下降。武功湖水质稳定在Ⅱ类，集中式饮用水水源地水质继续保持达到功能要求，县级及以上集中式饮用水水源地一级保护区水质稳定达到Ⅱ类水质标准，并且主要污染物指标逐年下降。

4.1.1.2　生态目标

截至 2019 年，流域水源涵养与生态保障林等类型的森林覆盖率稳定在 77.12%，恢复和保育优质的亚热带常绿阔叶森林植被，并适度营造阔叶林或针阔混交林；着力保护自然河道比率降低不超过 8%。

4.1.1.3　污染控制目标

流域工业点源和农村面源污染得到有效控制，入河污染负荷得到有效削减，全面保障区域饮用水安全；农业产业结构有较大调整，清洁生产机制和循环经济体系基本建立；流域生态环境明显改善，生态服务功能得到保证。

2017—2019 年，流域主要解决工业点源和农村面源污染问题，巩固已有节能减排成果；推进土地集约化利用，加大受保护区面积；在重点行业推行清洁生产机制，并初步建立循环经济体系，发展特色种植业和无公害种植业，逐步形成以绿色农业为主的农业产业结构。

4.1.1.4 环境监测、环境监察、环境应急及环境信息系统建设目标

环境监测方面，通过合理布设河段监测点位，从目前的 4 个点位加设至 15 个点位，水生态系统调查从 0 个点增加到 12 个点，水环境调查频次从每两个月一次增加到每月一次，调查指标从仅常规水质调查到河流生态系统的全面指标调查。建立完善的入河监测体系，并开展现状调查，通过合理布设河流监测点位，开展入河水生态系统与水环境现状的综合调查，水环境、藻类监测每月一次，河岸带和其他水生生物类群每个季度调查一次。此外，还应对突发水污染事件开展水环境监测。

就饮用水水源地保护而言，将合理增加水源地保护区的监测点位，并建立相关的物理隔离、规范性标识和警示以及饮用水水源地日常巡查制度，到 2020 年年底将完善饮用水水源地的在线监测系统的建设、实时视频在线监测系统的构建以及日常档案规划化制度建设，使流域内饮用水水源地完成规范化建设。

环境信息系统建设方面，建立起江河湖泊环境信息监管平台，对重点污染源和在线实时监测体系提供报警反馈功能，来有效保护江河湖泊优质的生态环境。与此同时，需逐步建立和形成高效的自然保护管理机制，稳步提高区域的生态安全水平。

4.1.2 远期目标

到 2030 年，将禾泸水流域建成清洁生产、循环经济的示范地；生态安全屏障建成并发挥功效，管理机制高效，管理手段科学；主要河流及湖体监测断面水质稳定达到Ⅱ类，并向Ⅰ类标准转变；流域生物多样性得到较好保护，湖滨带缓冲区面积与缓冲带长度逐渐增加，生态环境实现良性循环，稳定发挥各项生态功能（表 4.1）。

表 4.1　禾泸水流域水污染防治总体目标值

类别	指标名称	2014 年	2020 年	2030 年目标值	指标属性
水环境	水质类别	干流及 4 个国控和省控断面（Ⅲ类）	干流（Ⅲ类及以上）	Ⅲ类及以上	约束性指标
		水质较好支流（Ⅱ～Ⅲ类以上）	至少营养指标达到Ⅱ类	整体达到Ⅱ类	约束性指标
		武功湖等重点湖库（Ⅱ类以上）	Ⅱ类	Ⅱ类	约束性指标
		集中式饮用水水源水质达标率/%	100	100	约束性指标
	过界断面水质达标率/%	70	＞85	＞85	约束性指标
	水功能区达标率/%	75	90	90	约束性指标
	城镇污水处理率/%	50	≥95	≥98	约束性指标
	城镇污水管网接管率/%	50	≥85	≥90	约束性指标
	滨水农村生活污水处理率/%	0	70	85	参考性指标
	农村生活垃圾清运处置率/%	15	80	100	参考性指标
	农田面源污染控制率/%	0	15	30	参考性属标
	饮用水水源地规范化建设/%	10	100	100	约束性指标
	工程 COD 减排量/（万 t/a）	—	8 000	同左增加 30%	约束性指标
	工程氨氮减排量/（万 t/a）	—	1 300	同左增加 30%	约束性指标
	工程总氮减排量/（万 t/a）	—	500	同左增加 30%	约束性指标
	工程总磷减排量/（万 t/a）	—	3 000	同左增加 30%	约束性指标

类别	指标名称	2014 年	2020 年	2030 年目标值	指标属性
水生态	森林覆盖率/%	77.12	77.12	不降低	约束性指标
	新增滨岸缓冲带面积/亩	—	600	1 500	参考性指标
	新增湿地面积/亩	—	10	200	参考性指标
	武功湖、足山水库富营养化状态	贫营养	贫营养	贫营养	参考性指标
	新增生态林面积/亩	—	32 万	50 万	参考性指标
	新增河道治理长度/km	—	20	50	参考性指标
水管理	水生态环境监测站点	4 个常规监测断面，1 个国控，3 个省控，7 个水源地监测点位	20 个监测点位，7 个水源地监测点位；6 处在线监测点	同左	参考性指标

本阶段在巩固前一阶段工作成果的基础上，主要建设并形成生态安全屏障，建立科学管理机制，全面提升管理水平，发挥所有工程措施和管理措施的综合效益，使禾泸水河流生态安全长期稳定在“安全”以上水平。

根据总体目标和专项目标，建立禾泸水流域水生态建设的考核指标体系，如表 4.2 所示。

表 4.2　禾泸水流域水生态建设考核指标体系

序号	指标类别	指标	要求	指标属性
1	水质指标	禾水、泸水和武功湖	《地表水环境质量标准》（GB 3838—2002）Ⅱ～Ⅲ类标准、饮用水水源地Ⅱ类标准	约束性指标
2	生态目标	流域植被覆盖率提高比例/%	0	参考性指标
		湿地增加面积/亩	10	参考性指标
		黑臭水体治理达标率/%	100	约束性指标

序号	指标类别	指标	要求	指标属性
3	长效机制目标	饮用水水源地规范化建设完成率/%	100	约束性指标
4		环境监测、环境监察、环境应急标准化建设	基本完善	参考性指标
5		生态环境信息系统建设	逐渐健全	参考性指标

4.2　生态建设年度目标

以 2015 年为基准年，2019 年为目标年，近期实施期为 2016—2019 年。

4.2.1　2016 年度目标

（1）流域生态环境状况调查与评估：通过禾泸水流域水生态环境现状调查与生态安全评估项目的实施，基本了解流域污染程度、水生生物和动植物种类等信息，为后续工程的实施提供依据。

（2）流域污染源治理类项目：包括吉安县 2015—2016 年污水管网建设项目、井冈山市 2015—2016 年污水管网建设项目、安福县洲湖镇污水处理及配套管网工程、泰和县螺溪镇污水处理厂建设项目 4 项工程的实施，极大地降低进入禾泸水流域污染物的总量，缓解流域水环境质量压力。

（3）流域生态修复与保护：包括吉安县集中式饮用水水源地规范化建设与水源保护区项目，该项目的实施，极大地保护吉安县的饮用水安全。

（4）能力建设项目：包括环境监测实验室、应急监测实验室标准化建设工程，该项目的实施，极大地提高流域环保监测和监察能力。

4.2.2 2017年度目标

2017年，拟开展以下项目：

（1）流域污染源治理类项目：继续开展工业点源如工业园区污水处理厂、县城和部分中心集镇生活污水处理及配套管网工程。

（2）生态修复与保护类项目：继续开展城镇集中式饮用水水源地的规范化建设，完成河流饮用水水源地规范化建设及防护工程；开展井冈山自然保护区生态林保育与建设工程、自然保护区内水环境治理项目以及矿山修复项目。

（3）能力建设项目：初步开展环境监测预警能力建设。

4.2.3 2018年度目标

2018年，拟开展以下项目：

（1）流域污染源治理类项目：继续开展工业点源如工业园区污水处理厂、县城和中心集镇、农村生活污水处理及配套管网工程、规模化畜禽养殖污染治理工程等。

（2）生态修复与保护项目：继续开展城镇集中式饮用水水源地的规范化建设，完成河流饮用水水源地规范化建设及防护工程。开展流域水土保持生态治理工程和禾泸水富营养化生态调控工程；开展禾泸水流域核心区滨河村庄河道整治工程。

（3）能力建设项目：继续开展环境监测、预警能力建设。

4.2.4 2019年度目标

2019年，拟开展以下项目：

（1）流域污染源治理类项目：继续开展农村环境综合整治、各区县集镇污水处理工程、部分畜禽养殖污染的深度治理等。

（2）生态修复与保护项目：完成滨水缓冲带生态削减与水生态修复工程，对流域废弃矿山与矿山尾矿库闭库进行生态修复，建设水源涵养与生态保育林。

（3）流域生态环境调查与评估项目：完成流域生态安全的成效调查。

4.3　具体技术路线

禾泸水流域水生态建设应以流域江河湖泊生态系统健康为目标，以水质水生态改善为核心，涵盖社会经济调整、江河湖泊生态健康、水污染防治、管理政策、工程规划等多个方面。具体规划技术路线如图 4.1 所示。

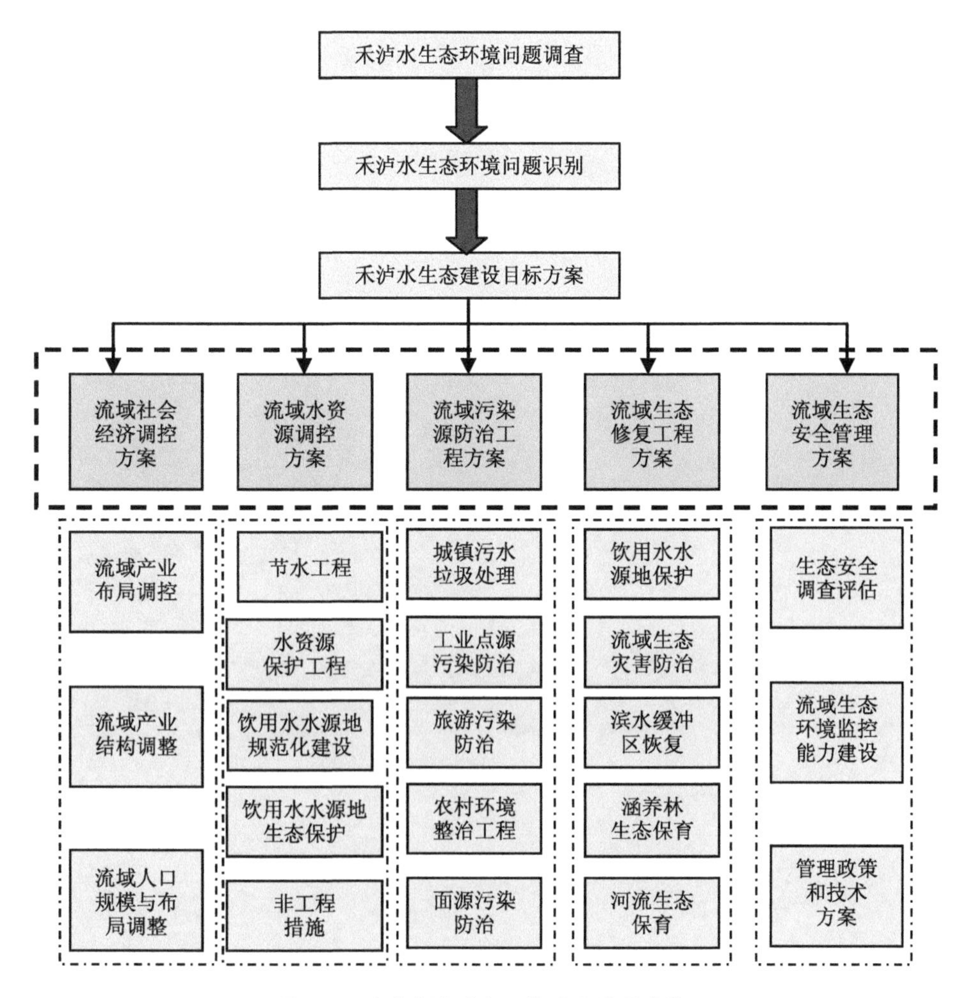

图 4.1　禾泸水流域水污染防治技术路线

第5章

流域社会经济调控方案

5.1　流域社会经济调控总体思路

结合我国其他中小型流域周边经济社会发展与产业布局的经验教训，流域社会经济调控方案将遵循以下 5 方面基本思路：

（1）根据禾泸水流域水环境“污染容易、治理艰难”的特点，将“减排”作为产业结构调整的核心，从源头上将社会经济活动对生态环境的影响降到最低。

（2）吸取教训、防患未然，加强对我国污染问题突出的流域产业结构对比，发挥后发优势，避免重蹈覆辙，构建科学合理的产业初始布局。

（3）调整产业的结构布局，加大扶持第三产业力度，重点发展高科技含量、高附加值、低污染、低能耗工业产业，避免走先盲目发展、再回头治理的弯路。

（4）注重产业地理布局，结合禾泸水流域水资源特点与优势，开发与保护兼并，禁止在流域上游上马高污染产业，避免盲目扩大城镇化规模，做到产业的合理布局。

（5）在农业产业发展中，不简单追求产值增加，注重生态循环农业和农业产业结构合理调整，在农业发展中走现代化和生态化的道路（图 5.1）。

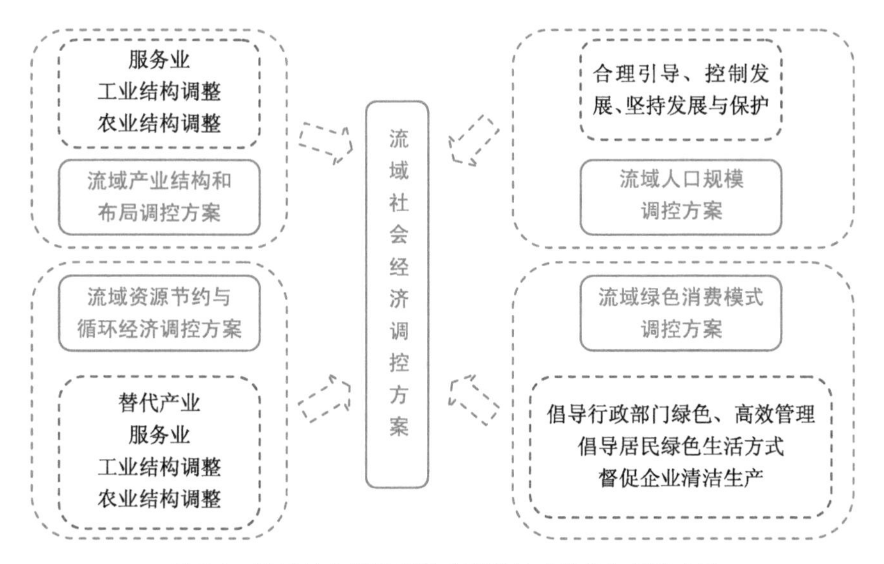

图 5.1　流域社会经济调控方案的技术路线与思路方法

5.2 流域产业结构与布局调控方案

5.2.1 农业结构调整

在种植业方面，提高农业规模化、产业化水平，大力发展高效、生态安全农业，重点发展无公害、绿色、有机农产品。推广使用生物有机肥料和低毒、低残留高效农药，对流域中上游农田实施生态农业和氮磷流失生态拦截工程，控制农业面源污染。

在畜禽养殖方面，推动禾泸水流域畜禽养殖生态化改造方案，实行规模化畜禽清洁养殖，加快建设集中式畜禽养殖场和畜禽养殖小区废弃物处理处置工程，减少污水粪便流失。推广“鸡—猪—沼—菜”“猪—沼—果（林、菜）”“猪—沼—鱼”等生态农业模式。

在水产养殖方面，合理布局，取消流域内饮用水水源功能的湖库投料或网箱养殖，发展流域水库生态养殖，推广无饵料“人放天养”的生态化养殖方式，保护湖库水质。

5.2.2 工业结构调整

综合运用产业政策、技术政策，对工矿企业实行结构优化和产业升级，大力发展环保产业，降低高污染行业企业比重。

大力发展高新技术、节能、节水、节材型产业，发展低碳经济、循环经济，遏制高耗能行业过快增长；不断提高区域高新技术产业在工业中的比重，以较低的能源消耗和环境污染换取经济又好又快发展。

切实抓好重点领域、重点行业、重点企业的节能减排工作，鼓励和支持企业进行节能评估和企业节能审计，积极推广节能、节水、节材技术。按照低投入、高产出、低消耗、少排放的原则，开展节能、节水、节材和资源综合利用等方面的技术改造，并使之与削减污染物排放总量有机结合，实行统筹规划，同步实施，提高能源资源利用效率。

以清洁生产为指引，优化发展资源消耗少、环境污染小的新材料、光伏、电子、绿色食品加工业、绿色苎麻纺织业、特色手工业等环境友好型工业。逐步关闭采矿业，结合废弃矿山的生态恢复和利用，引入替代产业。

5.2.3　服务业

重点发展以红色、生态旅游、会议培训、文化创意、康体医疗、休闲运动、生态办公为主的现代服务业，积极运用现代经营方式和信息技术改造提升传统服务业水平。加强旅游业与第一产业、第二产业的联系，形成以生态旅游为主导的绿色产业链。

（1）全面提升第三产业总量，参照成熟经济区产业结构模式，加速发展第三产业，提高第三产业在地区生产总值中所占的比重，促进规划区产业结构的良性发展。

（2）打造红色、生态旅游业，按照产业化、市场化、规模化、网络化的发展要求，坚持“先规划、后开发，重保护、慎开发”的原则，以清洁生产技术为支撑，积极加强流域内旅游景点环境的整治、保护工作，实现固体废物减量化、资源化管理和无害化处理，结合当地革命红色基因，加快红色、生态旅游示范景区建设；积极开发绿色旅游产品，形成一批生态旅游景点。

（3）加快建设现代物流基地和配送中心，开展跨行业、跨地区、跨所有制的现代物流配送业务。建设一批现代化的大型商业服务中心和批发贸易中心，合理布点，建设不同服务层次的商业网点，逐步形成集信息、仓储、加工配送等功能于一体的多层次、专业化、标准化的现代物流网络。高起点、高标准建立和完善水产品市场以及农副产品、金属制品、现代装饰建材等批发市场，促进物流业向产业化和现代化发展。在流域内选择一批地理区位理想、交通运输方便的城镇作为商贸中心或物资集散地，建立大米市场、水产市场、畜禽市场等专业性市场。

5.3 流域资源节约与循环经济调控方案

5.3.1 农业

5.3.1.1 建设现代农业科技园

建设现代农业科技园区，充分发挥农产品加工区、农业示范观赏区、农业商务博览区三大功能区作用，重点建设井冈山蜜橘项目、高档茶叶项目、蔬菜产业项目、油茶种苗项目、高档花卉项目。加快农业标准化、集约化、规模化建设，推动流域沿线农业信息发布交流、农业项目招商引资、现代农业展示、农业科技成果转化的重要平台构建。

5.3.1.2 建设环境友好型新农村，以流域水污染治理项目推进优美乡镇、生态村乃至生态文明先行示范区的建设

结合禾泸水流域内农村环境连片整治工程，加快推动农村中型或大型沼气工程及供气对接建设，实现污水达标排放及资源化利用；抓好标准化池塘改造工程建设；加大农业环境执法力度，规范化肥投入品使用；限制流域内湖库投饵养鱼，减少水体污染；加强标准化示范区建设，引导农民按标准进行农产品生产，建设无公害、绿色有机农产品标准化生产示范基地。

流域核心区内注重优美乡镇和生态村镇的创建，以及流域内县城生态文明先行示范区创建工作。通过国土江河综合整治专项的指导思想积极开展环境友好型新农村的建设，来相辅相成地推动开展生态村镇建设及生态文明先行示范区建设，达到“生态园林”目标。

5.3.1.3 推广生态农业模式

在禾泸水流域种植业集聚区重点推广测土配方施肥技术、缓释肥技术，提高土壤有机质含量，避免环境污染。加大草山草坡和农作物秸秆的综合利用力度，加强养殖场环境污染治理工作。加强养猪场标准化建设，改进饲料营养配方，推

广干清粪、干湿分离、雨污分流、节水等技术，建立和完善粪污无害化处理设施，搞好沼渣、沼液的综合利用，减少污染物产生量，大力推广以“猪—沼—果”为主的牧果结合、牧粮结合、牧菜结合等种养模式。加快生产废弃物综合利用设施建设，建设农业循环经济体系。

5.3.2　工业

5.3.2.1　严格环境准入，提高区域环境准入门槛

按照《江西省人民政府办公厅转发省发改委、省环保局关于加强高能耗高排放项目准入管理实施意见的通知》（赣府厅发〔2008〕58 号）的文件指导意见，对钢铁（铁合金）、电石、水泥、造纸（制浆）、农药（原药生产）、电镀、皮革、焦化、有色金属冶炼、化工、印染、陶瓷、化纤（黏胶）和医药原料药这类高能耗、高排放行业实施严格的环境准入制度，新建或改扩建项目必须符合国家、省产业政策、行业发展规划和市场准入要求，禾水、泸水向陆地延伸 3 km 范围内依法禁止新建或改扩建各类高能耗、高排放行业项目及《污水综合排放标准》中一类污染物和持久性有机污染物的建设项目；在具有饮用水功能的河段两岸以河岸为界线，向陆地延伸 1 km 范围内依法禁止新建或改扩建各类高能耗、高排放建设项目。饮用水水源地二级保护区边界上溯 10 km，国家法律保护的地下水水源保护区，法律法规保护的自然保护区、风景名胜区依法禁止新建或改扩建各类高能耗、高排放水污染严重或环境风险大的建设项目。

5.3.2.2　加快发展绿色循环经济产业，降低污染物入湖风险

以循环经济的发展理念为指导，大力发展节能、节水、节材项目，加快实施清洁生产，提高环境保护和资源综合利用水平，在减量化基础上实现资源的高效利用和循环利用，最大限度地减少废物排放。加快建设循环示范企业、垃圾处理、污水处理及循环利用、余热利用、集中供气等重点工程；充分利用工业固体废物，大力发展新型建材产业，变废为宝，实现工业固体废物的综合利用。健全循环经济产业体系，以现有产业为基础，构建完善的循环经济产业体系，充分降低污染

物入湖的风险。

5.3.2.3 着力推进节能减排，以低碳、节能的清洁生产为切入点，保护禾泸水流域生态环境

以废水循环利用项目为抓手，重点抓好企业的清洁生产工作，用循环经济理念指导区域发展和产业转型，降低对流域水体的污染排放、有害污染物的输入风险。围绕创建高标准、规范化清洁生产企业和工业园区的目标，开展清洁生产审核，帮助企业加强清洁生产保障体系建设。依法淘汰一批“十小”企业，积极发展和培育无污染、能耗低、效益高的支柱产业和特色产业。建立节能目标责任制，着力抓好冶金、材料、纺织等重点耗能行业和企业的节能与清洁生产工作，督导重点用能企业落实节能目标责任。探索开展碳交易项目，申报实施一批清洁发展机制（CDM）合作项目，推动生态新城和低碳工业城的节能减排，减少对流域的资源索取，降低资源的消耗，提高资源的利用率。

5.3.2.4 建设生态循环工业体系，进一步保障禾泸水流域的生态环境健康

努力扶持专业性、市场化环保队伍。鼓励和引导建立环保产业服务体系，加强环保产业市场化管理，建立现代企业管理制度；引导优强企业利用环保先进技术，生产市场竞争优势产品；在政策支持、要素保障、项目建设等方面给予大力扶持。鼓励环保优强企业进入资本市场，培养本土的工业废渣处理处置、工业废水处理环保企业，减少污染物的输入，维持流域生态系统的稳定。

5.3.3 生态旅游与服务业

5.3.3.1 推进生态旅游建设，丰富生态旅游的内涵

加强湖区旅游产业的污染物控制，提升景区污水处理工程质量，以环保理念、生态安全为原则，保护沿岸生态原生景观，以生态垂钓、小型环保游船等特色生态服务，丰富生态旅游的产品内涵。

5.3.3.2 逐步延伸旅游产业链，促进旅游业可持续发展

围绕完善和延伸“吃、住、行、游、购、娱”的产业链，导入全新经营理念，

构筑旅游“一体化”经营服务体系，优化整合资源，实行统一规划、统一管理、统一标准，打造一体化的综合性旅游产业服务链。统筹规划交通、水电、通信、饮食、住宿接待等配套设施，协调旅游、商业、建筑、服务等行业的配套发展。坚持开发与保护并重原则，合理开发利用资源，保证生态、生活、生产不冲突、不相互排斥。

丰富乡村旅游项目内容，使农业与旅游业的吃、住、行、游、购、娱六大要素融合发展。保护农村生态环境和人文环境，避免对生态环境的干扰和破坏，走出一条人与自然和谐共处、持续、协调发展的生态旅游道路。重点建设一批农业示范园、景观林带、郊野公园和特色农家乐等生态农业旅游项目，形成集休闲、度假、观光于一体的新型生态农业休闲旅游区。

5.3.3.3　深入挖掘文化特色，打造庐陵特色品牌

深入挖掘以“千年望郡”吉安县为主的江西庐陵文化和以井冈山为主的红色革命文化，全力打造“江右胜地、红色摇篮”品牌，让丰富的文化因素渗透到旅游开发全过程中，重点打造庐陵文化旅游、井冈山旅游和绿色生态旅游，将自然风光和人文景观融为一体，形成多足鼎立的景点格局，丰富区域旅游的整体内涵。紧密结合武功山、青原山、玉荀山、白水仙 4 个省级风景名胜区，深入发掘推广流域内古窑遗址吉州窑、白鹭洲书院、新干商墓遗址、永丰西阳宫等一大批人文古迹。打造兼具“文化的家园、红色的摇篮、绿色的宝库”功能的旅游胜地，形成区域旅游观光的独特魅力。

5.3.3.4　着重禾泸水流域水污染治理及环境保护品牌打造，统一宣传标准

以禾泸水流域水污染治理及环境保护为新文化着眼点，在宣扬环境保护的同时，建立流域宣传标准体系，从宣传标语、标识牌、警示牌、广告牌、电子传媒标识等线下宣传到线上宣传，再到流域绿色、有机、无公害食品，生态村，优美乡镇，生态市，生态文明先行示范区的宣传，营造一体化的“禾泸水流域水环境保护文化”宣传氛围。

（1）打造统一的宣传标识，结合区域旅游系统建设，统一“禾泸水流域水污染治理专项图标”、系列“标语”（生态环境保护，从我做起；参与生态环境保护，

尊享高品质生态大餐；能带走的是你的健康，带不走的是美丽山河，请顺便带走旅游垃圾；生态保护，功在千秋）和宣传简画。

（2）建立县（市、区）—乡镇—村庄“三位一体”的梯级宣传模式，打响流域水污染治理重要性的“人民宣传战”，县（市、区）以电子传媒、公益广告、电视访谈、中小学宣传教育、保护“母亲河”行动等为切入点，乡镇采取公益宣传栏、宣传图册、宣传单和问卷、中小学奖励标识、商贩统一进价管理等模式，村庄采用公益工程、试点补贴、宣传单、标识牌、图标宣传、商贩统一进价管理等模式。

5.3.4 替代产业建议

5.3.4.1 现代物流、金融、电子商务：助推经济发展大引擎

传统服务业变革挖潜，新兴服务业蓬勃发展——服务业的强势增长及其内部结构不断优化，成为适应新常态、助推经济发展的有力支撑。重点发展现代物流、金融、电子商务等行业，引进和培育一批龙头企业，打造一批知名品牌，使之成为支撑生产性服务业发展的主导力量。积极培育信息、科技、研发设计、节能环保等新兴行业，加大政策扶持力度，催生一批企业，促进有关行业从无到有，逐步做大做强。

5.3.4.2 旅游、商贸、文化：释放消费活力

重点发展旅游、商贸、文化创意等行业，打造全国服务业品牌，加快行业转型升级步伐，为建设全国红色旅游精品城市和庐陵文化传承地等提供有力支撑。加快发展养老服务、健康服务、家庭服务等行业，满足城乡居民多层次、多样化消费需求。深入实施“三山一江”旅游战略，全力打造井冈山、青原山、武功山三大旅游产业集群，培育环中心城区旅游圈，促进旅游产业与其他产业融合发展。加快重点旅游景区开发，积极发展城郊休闲旅游，打造一批有吉安庐陵文化特色的农家乐联合体，重点抓好 17 个国家乡村旅游扶贫重点村建设，打造十大乡村旅游示范点。加快打造全国红色旅游精品城市步伐，支持青原山与吉州窑联合争创

国家 5A 级景区、国家风景名胜区，古后河绿廊、白鹭洲书院、燕坊古村、蜀口洲、永新三湾争创国家 4A 级景区。加快旅游公路改造升级步伐，提高景区通达程度。

5.3.4.3　医疗、养老、环保：提倡健康品质生活

进一步完善医疗卫生服务体系，加快形成多元办医格局，拓展社区卫生服务功能，发展专业、规范的护理服务。建立健全以县级医院为龙头、乡镇卫生院为骨干、村卫生室为基础的农村三级医疗卫生服务网，调整优化以社区卫生服务机构、大型综合医院、专科医院为基础，以门诊部、诊所为补充的城市医疗卫生机构布局。

把健康理念充分融入养老服务中，通过医疗机构和养老机构、居家养老服务中心和老年人家庭之间的多方式结合，建立资源共享、优势互补的健康养老服务体系。

5.3.4.4　生态循环工业

积极发展清洁低排放的生态循环工业，依法取缔“五小”企业和基于良好湖泊保护的生态文明建设的同时，积极探索新路子，保障区域经济发展水平不落伍，工业发展深度和层次上新台阶的格局。建议重点发展钢材深加工、设备研发和高端轻工制造产业，如精细磨具、定制机床、环保设备研发以及风电特种钢材零配件深加工等区域重点产业的链式延伸与升级，带动优秀人才集聚以及高科技研发中心建设。

5.4　流域人口规模调控方案

在政府引导、农民自愿的前提下，合理引导村庄及农户的搬迁，控制外来人口数量，到 2016 年，规划区域人口总量在现状基础上不增长。依据禾泸水流域的资源环境承载特点和产业发展特色，区域人口应坚持合理引导、控制发展的原则，以生态保护为前提，保障居民的居住安全，通过多种途径，使区域人口规模和布局进一步趋于合理。建立适合禾泸水流域特点的社会运转机制和合理的居民点系

统，引导淘汰性产业的劳动力合理转向。

在禾泸水流域范围内科学预测和严格限定各种常住人口的规模及其分布的控制性指标，根据禾泸水流域需要划定无居住区、居民衰减区和居民控制区。

5.5 流域绿色消费模式调控方案

5.5.1 督促企业清洁生产

鼓励企业进行“三标一体化”管理体系认证，督促企业开展安全生产自查。鼓励企业实施清洁生产和循环经济。对企业管理者开展安全生产、循环经济、文明生产方面的培训，提高管理者的生态文明意识。定期举办企业生态文明建设、循环经济、清洁生产经验交流会，促进企业与职工、社区居民有效沟通。

5.5.2 倡导居民绿色生活方式

推广有机、绿色、无公害食品，制定低碳食谱，推行素食餐饮，引导适度的餐饮消费。逐步引导市民转变服装消费观念，倡导低碳服装生产模式，推行低环境成本服装的生产和消费。逐步推广节能建筑、绿色建筑，倡导使用节能产品和新能源产品。改造绿色公交系统，完善城市道路建设，推行绿色出行。

5.5.3 倡导行政部门绿色、高效管理

在行政管理部门树立绿色政府理念，政府内部强化生态文明理念的宣传教育，实行现代化行政管理手段。行政管理部门实行绿色办公和绿色采购，督促资源能源的节约使用，鼓励废旧办公设备、耗材的资源化处置，降低政府运行成本。

第6章

流域水土资源调控方案

6.1　流域水资源调控方案

禾泸水流域水资源相对较丰富，但由于水资源分布年际变化大，年内时段分配不均，随着经济社会的快速发展，水资源问题开始显现并日益突出。为落实全省水量分配方案，逐级推进总量控制与定额管理相结合，实施最严格的水资源管理制度，实现流域水资源的可持续开发和利用，保护禾泸水流域生态用水，开展流域内城乡水量分配细化工作具有十分重要的意义。

6.1.1　水资源配置与保障

为确保水资源的可持续利用支撑经济社会可持续发展，必须提高水资源利用效率和效益，实现水资源合理配置和科学管理。

首先按“以供定需”原则确定分水总量。即当水资源四级区需水预测总量小于水量分配细化总量控制量时，分水总量取需水预测总量；当水资源四级区需水预测总量大于水量分配细化总量控制量时，分水总量取水量分配细化总量控制量。分水总量确定后，从尊重现状原则、公平原则、侧重公平与适度兼顾效率原则出发，分别相应运用用水定额预测法、分类权重法、层次分析决策法 3 种方法进行分析探讨，在 3 种方法分水的成果基础上，运用德尔菲法（又称专家、代表决策法）的基本原理拟定各县（区）分水比例，确定技术推荐方案。

水量分配细化方案中，各县（区）的分水总量必须首先保障生活用水量，因此分水方案对主要城镇的集中生活分水量进行了保障性明确。各县（区）生活保障水量今后可视城镇化建设情况进行相应调整，但原则上只调增不调减。另外，考虑农业为弱势产业，为保障粮食安全，在农业节水目标逐步实现的过程中，分水方案对农业灌溉用水量进行了相对固化，各县（区）农业灌溉固化水量今后可视农业节水效果情况进行相应调整，但原则上只调减不调增。

根据上述原则，区域分水总量为 $7.08\times10^8\ m^3$，其中，井冈山市分水量为

0.624×10^8 m^3，永新县分水量为 1.147×10^8 m^3，安福县分水量为 1.147×10^8 m^3，吉安县分水量为 0.624×10^8 m^3，泰和县分水量为 1.769×10^8 m^3，吉州区分水量为 1.769×10^8 m^3。

6.1.2 水资源利用与调度

6.1.2.1 水资源开发

按照充分利用地表水与地下水联调、优化配置水资源的原则，优先考虑现有水源作为备用水源，统筹规划新建备用水源及输水管网等配套工程，实现城镇多水源供水，提高县、乡（镇）供水安全保障能力。

加强备用水源建设与保护，实施井冈山市牛路坑水库、永新县龙源口水库城市备用水源工程，新建小（一）水库 1 座；实施井冈山市足山水库水源地保护项目。通过系列保护工程和非工程措施，水源地保护区生态修复、水源地环境预警与应急能力建设、水源地环境管理能力建设等，保障备用水源达到饮用水水源地标准。经批复的备用水源要依法划定饮用水水源保护区，严格执行饮用水水源保护区制度，在保护区范围内如有与饮用水水源地保护不协调的现有或者建设项目，由县级人民政府责令拆除或者关闭，因地制宜地进行备用饮用水水源安全防护、生态修复和水源涵养等工程建设，禁止破坏涵养林和水环境保护设施的行为，积极开展面源污染防治，指导农户合理使用化肥、农药，严禁使用高毒、高残留农药，推广水产生态养殖，推进畜禽粪便和农作物秸秆的资源化利用。

6.1.2.2 水资源优化

积极推进农业（果业）节水。坚持工程措施和非工程措施相结合，源头节水、渠道节水、田间节水并举。田间（果园）节水既是农业节水增效的关键环节，也是当前农业节水中的最薄弱环节。要在重视水库、输水渠道等工程节水措施的同时，把田间（果园）节水放在节水农业的突出位置来抓。进行田间节水配套工程建设，实施土地平整，大畦改小畦，灌水格田修建、深耕与深松，增加土壤耕层厚度和有效土层厚度等措施，提高灌区土壤蓄水能力。提高灌溉均匀度，在灌溉保证率提高的前提下，提高自然降水利用率，每亩减少灌溉定额 100 m^3，提高灌水利用效率 50%。

实施吉安县新建蔬菜等高效节水灌溉项目，节水灌溉 1 万亩；实施永新县果园高效节水灌区改造项目，节水灌溉 1.5 万亩。因地制宜推广高效节水灌溉技术，建立与高效节水灌溉先进设施相适应的节灌高效种植模式，大幅提高灌溉水的产出效益，通过 5 年的努力，区域 45%的果园实现滴灌。

6.1.2.3　水资源调度

区域小水电分布密集，致使河流生态系统健康受到严重威胁。生态调度就是将生态因子纳入现行的水电运行调度中，通过改变调度运行方式，减轻、缓解水电站对生态环境造成的负面影响。

（1）泥沙调度：为控制河流修建水电站以后导致的坝区淤积问题，采用“蓄清排浑”、调整泄流方式以及控制下泄流量等方式，调整下泄流量及水流含沙量，减少坝区内泥沙的淤积。

（2）水质调度：为减轻突发河流污染事故的影响程度，控制水体富营养化与水华的发生，通过改变水电站的调度运行方式，在一定的时段内加大水电站下泄量，降低坝前蓄水位，缓和对于坝岔、坝湾水位顶托的压力，使缓流区的水体流速加大，加快污染物扩散与输移，破坏水体富营养化的条件。通过蓄丰泄枯，增加枯水期水库泄放量，从而提高下游河道环境容量，改善水质。

（3）综合调度：根据具体水电站运行于管理中的特点和实际情况，采取上述两种方式的综合优化调度，维持区域内河流的生态健康。

6.1.3　饮用水资源保护

严格执行饮用水水源保护制度，改善东江源头区域饮用水水源地水质，保障群众饮水安全，通过饮用水水源地建设和加强监督管理机制等措施，确保东江源头区域饮用水水源水质良好，水源地生态系统良性循环，确保流域区域集中式饮用水水源地和入赣江口下游 3 个大型集中式饮用水水源地实现水质达标率 100%

的目标。

加强流域内各县城集中式饮用水水源地保护与规范化建设，实施井冈山市、安福县、永新县、吉安县的集中式饮用水水源地（如足山水库、禾水吉安县段）保护与规范化建设项目，设置隔离防护设施，在水源一级保护区采用物理隔离设施和生物隔离设施相结合的方式，以布设边界建护栏、围网等物理隔离设施为主，种植防护林的生物隔离设施为辅，以防止人类活动等对水源地保护和管理的干扰，拦截污染物直接进入水源保护区。控制和削减水库周边果业面源污染，逐步退果还林，加强保护区内及其上游城镇及农村生活污水和固体废物防渗排污管道的铺设与管理，提高再生水回用和深度处理能力，加强固体废物环境监管与整治。

推进乡镇集中式饮用水水源地建设，依据供排水格局的总体要求，实施区域内中心乡镇的饮用水水源地规范化整治与保护项目。各地要在 2017 年完成乡镇以上饮用水水源保护区的划定工作，饮用水水源保护区和地表水环境功能区划一经划定，要严格控制调整。开展饮用水水源地环境风险排查，对威胁饮用水水源水质安全的重点污染源和风险源优先予以整治、搬迁或关闭。推进饮用水水源一级保护区内的土地依法征收工作，清理取缔一级水源保护区内排污口和养殖业，督促完成清理现有饮用水水源保护区内的违章建筑物及排污口。2017 年年底前，按规范设立保护区标志牌，在人类活动频繁影响较大的一级水源保护区设置隔离防护设施。

保障农村饮水安全。统筹城乡供水，强化村镇集中式（或山泉水）饮用水水源保护，指导饮用水水源地保护区内村庄编制农村环境综合整治规划，对于以山泉水为饮用水的村庄，建设净水池，在人类活动频繁的区域设置隔离防护设施，并设置保护水源警示标志等。对于以自打井为饮用水水源的村庄，应加强农村社区环境基础设施建设，进行改水、改厕，修建小型农村生活污水收集处理设施、建立生活垃圾收集点、减少农村污染对水源地水质的影响。监督保护区内沼气池、粪便、垃圾等各种污染物的存放和处理，严禁随意倾倒废渣、垃圾、人畜粪便等其他废弃物。

加强饮用水水源地污染控制与生态修复。水陆并举，加强饮用水水源地周边区域的污染控制与生态修复工作，自 2016 年起，适时发布重要河库健康状况报告。协调小水电开发利用与饮用水水源保护的关系，保障饮用水水源水质安全。

建立饮用水水源的污染来源预警、水质安全应急处理和水厂应急处理“三位一体”的饮用水水源应急保障体系。建立应急监测和指挥系统；开展饮用水水源地突发污染事故应急处置演练，提高快速处置能力。

6.2　流域土地资源调控方案

流域是一个相对完整的地理单元，随着社会经济的快速发展，流域土地资源的大规模开发不仅加剧了资源短缺，还直接威胁到人类的生存和发展，流域的生态环境问题因土地资源的不合理开发利用而日益凸显，成为流域社会经济协调发展和居民生产生活水平提高的严重制约因素。党的十八大报告提出“大力推进生态文明建设”，要求做到优化国土空间开发格局、全面促进资源节约、加大自然生态系统和环境保护力度、加强生态文明制度建设。因此，如何引导并形成流域各区域土地利用的主导功能，构建合理的土地开发利用模式，实现经济效益、社会效益、生态效益的和谐统一和协调发展，已成为流域国土空间开发的一个重要研究领域。流域内不同地区的区位优势不同，土地利用、气候条件、地形地貌、水文条件、植被分布等自然状况具有一定的差异，所面临的社会经济和生态环境问题不同，各地区的土地利用方式有各自的特点，土地利用的主导功能也有所不同。

流域土地资源调控方案基于禾泸水流域土地可持续利用的需求，通过对流域土地利用特点和流域土地开发产生的环境问题等相关内容的详细分析，结合禾泸水流域的实际情况，提出禾泸水流域土地利用的调控措施和适应禾泸水流域土地利用与生态环境协调发展的土地利用模式。为加强对流域内建设用地的空间管制，按照土地利用总体规划确定的建设用地指标，统筹存量与增量建设用地利用，合理安排建设用地布局。

根据生态系统敏感性和生态系统服务功能重要性综合评价结果，把禾泸水流域划分为上游禾水永新水源涵养与生物多样性保护生态功能区、下游禾水吉安—泰和水质利用与水土保持生态功能区、上游泸水安福水源涵养与生物多样性保护生态功能区、下游泸水吉安水质利用与水土保持生态功能区，加强生态公益林建设，控制农业面源污染，防止水土流失，发展生态林业、生态农业与生态旅游业，限制建设重污染工业，构建功能定位确定、发展方向明确、开发强度可控、开发秩序规范、开发政策完善、经济社会发展和湿地生态系统保护相协调的空间开发格局。

流域土地资源调控方案重点对禾泸水流域实施土地优化开发，根据流域内不同区域生态环境敏感程度、土地开发利用程度、经济社会发展特点以及产业布局等因素，实施“红—黄—蓝分区分类”管理制度，将流域划分为红线保护区、黄线控制区和蓝线优化控制区三类功能区。在一级保护区（红线保护）内构筑生态安全格局，以二级保护区（黄线控制）为生态安全屏障，在准保护区（蓝线优化）边界制定强制保护线、旅游控制线、开发警戒线，以保障禾泸水流域生态安全。

1）核心区域红线保护区控制方案

禾泸水流域红线保护区的范围是具有重要资源、生态、环境和历史文化价值的自然保护区核心区、森林公园、地质公园、列入省级以上保护名录的野生动植物自然栖息地、水源保护区的核心区、主要河湖的蓄滞洪区、地质灾害高危险地区、基本农田等必须依法禁止建设开发的区域。主要分布在禾泸水上游高天岩、三天门和七溪岭等自然保护区，主要管制规则为：

（1）区内土地的主导用途为生态与环境保护空间，依法严格禁止与主导功能不相符的各项建设。

（2）除法律法规另有规定外，规划期内禁止建设用地边界不得调整。

2）核心区域黄线保护区控制方案

对未划入流域红线区而对流域尤其是水库生态安全起重要作用的库滨带、河岸带等水体外围区域，生物栖息地环境敏感区（生境敏感区），土地环境敏感区等进行黄线控制。该区管制规则为：

（1）区内土地主导用途为农业生产空间，是开展土地整治和基本农田建设的主要区域。

（2）区内依法禁止城—镇—村建设，严格控制线型基础设施、独立建设项目用地。

3）核心区域蓝线保护区控制方案

禾泸水流域核心区域蓝线保护区控制区是城乡建设用地规模边界所包含的范围，是规划期内新增城镇、工矿、村庄建设用地规划选址区域，也是规划确定的城乡建设用地指标落实到空间上的预期用地区。在蓝线优化区域，严格控制非农建设用地占用农用地，引导农业结构调整方向，加强水体、景观保护和生态环境建设，引导产业集聚化；开展矿区生态环境修复。该区管制规则为：

（1）区内土地用途主要为城市建设发展空间或工矿建设发展空间以及农村居民点建设，具体土地利用安排应与依法批准的相关规划相协调。

（2）区内新增城乡建设用地受规划指标和年度计划指标约束，应统筹增量保障与存量挖潜，确保土地节约集约利用。

（3）规划实施过程中，在允许建设区面积不改变的前提下，其空间布局形态可调整，但不得突破建设用地扩展边界。

（4）允许建设区边界（规模边界）依法调整。

6.2.1　水源涵养林建设

禾泸水流域生态林林分结构不合理，林分改造迫切。境内森林呈“三多三少”的特征，即针叶林多、阔叶林少，纯林多、混交林少，单层林多、复层林少；往往呈现蓄水保土功能弱，水源涵养与生态保育功能较低，在红壤基质的情况下水土流失和地质灾害问题不容忽视，森林生态系统功能不完善，尚不能充分发挥防护效益，急需对已有的森林系统进行林分改造、补阔等（低效林改造、封山育林），对森林和草甸破坏严重的小流域进行多林相人工复绿等，提高流域森林覆盖率和森林涵养功能。

以生态公益林建设区为工程实施对象，积极推进“退耕还林”和“退果还林”工程、天然林保护工程、生态公益林建设工程、低产低效林改造工程、工业原料林建设工程、自然保护区建设工程、森林及湿地公园建设工程等项目建设；营造阔叶林或针阔混交林，提高森林质量，扩大森林面积，改善源头区水土保持能力，增强清水产流能力，提高禾泸水中下游的水质，保障流域经济社会发展的水质安全和可持续发展。

重点实施井冈山保护区生态修复工程（毛竹林控鞭改造 1 000 hm^2，杉木纯林改造 1 500 hm^2，极小种群野生动植物保护，生态监测体系建设，裸露地植被恢复 100 hm^2）、井冈山国家级自然保护区天然林保护工程（通过森林资源管护、封山育林、森林抚育、人工造林、人工促进天然更新多种方式，积极恢复和保护现有天然林资源 31.2 万亩）。

6.2.2 水土流失综合治理

目前，禾泸水流域水土流失严重，按照“点、线、面”治理相结合的原则，对坡地区域采用河谷区坡地水土流失防治技术，利用河谷区坡耕地的地形特点，沿坡地阶梯或坡度进行多年生草本或灌木植物篱的种植，构建“梯地+植物篱”的水土流失防控模式，能有效防止坡地水土流失，降低面源性污染。

对不同流失程度、不同类型的水土流失区进行对应治理的技术优化组合模式：对轻度流失区，以封禁管护、封山育林为主，实施生态自我恢复；对中度流失区，以人工整地补植为主，改变林相，以促进植被生长；对强度流失区，采取工程、耕作与植物措施相结合的方式进行治理。

坚持以小流域为单元，山、水、田、林、路综合治理，人工治理与封育治理相结合，充分发挥生态自我修复能力，加快植被恢复重建，促进人与自然和谐共处；坚持工程措施、林草措施与耕作措施优化配置，突出小型水利水保工程尤其是雨水集蓄工程的建设，注重提高农业抗旱能力；结合当地农业主导产业，充分发挥区域资源优势，依靠群众增收来调动群众治理水土流失的积极性。开展坡耕地改造、退耕还林、退果还林、植树造林等复绿工程、截洪沟、谷坊、拦砂坝、挡土墙等建设与土地平整；利用“梯地平整+泥炭土垫层（10 cm）+光合细菌和肥料播撒+原木废料地表覆盖+直接播种（泥炭土覆层）”等集成技术，重点开展废弃稀土矿山水土流失区的小流域治理，加强崩岗治理，采用植生袋、生态土工格栅、边坡生态加固等技术，重点治理各类矿山、采石场、排土场。继续加强永新、泰和等地区水土流失的治理，巩固定南县水土保持小流域综合治理等项目治理成果。

实施井冈山市水生态环境综合治理项目（拿山河 3.2 km 防洪堤建设，新城区北面 6.8 km 排水渠建设，小型水库水源点建设一座），安福县水土保持项目（白塘、砖上、沛溪、上街等生态清洁小流域治理面积 26.86 km^2，国家水土保持重点治理面积 50 km^2），以及安福县泸水流域水土流失治理工程（安福县邓家小流域水土保持综合治理工程，治理面积 50 km^2）。

水土流失综合治理方案选择的主要治理措施分为工程措施和植物措施两类。

（1）工程措施：通过坡面治理工程、沟道治理工程的实施，改变地形状态。坡面治理工程包括斜坡固定工程、山坡截流沟和沟头防护工程等。斜坡固定，防止斜坡岩土体的运动，保证斜坡稳定而布设的工程措施，包括拦墙、抗滑桩、削坡、反压填土、排水工程、护坡工程、滑动带加固工程和植物固坡措施等；山坡截流沟，在斜坡上每隔一定距离修筑的具有一定坡度的沟道；沟道治理，在山区沟道中修筑的各种工程措施，如谷坊、拦砂坝、淤地坝、小型水库、护岸等。

（2）植物措施：在沿岸的坡面、沟道引进关键树种，并构建草木灌结合的复合植被体系。

6.2.3　废弃矿山恢复利用

禾泸水流域废弃矿山及其次生生态问题是该流域突出生态环境问题之一。这些大面积废弃矿区往往存在地形地貌景观破损（土地资源损毁、生态植被破坏）、水土流失、水土污染和地质灾害隐患等系列环境问题。

转变治理思路，创新治理模式。禾泸水矿山环境综合治理遵循“整体推进、分类实施”的原则，以地表水污染治理和土壤改良为重点，以“水土保持—土壤改良—恢复利用”为主线展开。

力争用 5 年左右时间，通过采取“工程措施+生物措施+耕作措施”的综合治理措施，即“地形整治（坡耕地）+拦挡坝（墙）+截排（蓄）水+土壤改良与植被恢复+综合利用”的具体治理，建立健全废弃矿山及项目管理的长效机制，既达到“固沙固土、绿化矿山、改善生态”的矿山环境治理效果，又实现恢复利用的最终目标，使得流域环境风险得到防范，流域生态环境得到全面改善，流域地表水污染得到有效防止，流域民生安全得到切实保障。重点实施安福县泸水流域废弃矿山生态修复工程。项目工程包括土壤改良、植被恢复、挡土墙、截水沟的基本工程。

6.2.3.1 拦砂工程

废弃矿山的治理重点对象为采矿形成的大小不一的沟谷，谷沟两侧多为尾砂堆积区，在长期自然的作用下，尾砂不断淤积于沟谷中，冲击下游农田等。为防止沟头不断前进、淤积加剧和沟岸扩张，使用拦砂坝、河堤及淤积区整理植草的方式进行治理。

（1）拦砂坝：主要布置在冲蚀沟处，用于拦截泥砂，控制泥砂下泄。拦砂坝修建在沟谷狭窄、沟床纵坡较缓处。考虑到施工方便、就地取材，拦砂坝以重力坝为主。

（2）河堤：为减少稀土矿迹地水土流失对周边环境的影响，在沟道开阔处，顺沟修筑河堤，整治沟滩。河堤按照 10 年一遇 24 h 最大降水量不发生横向满溢的标准设计。根据当地沟渠砌筑用材及稀土矿迹地治理经验，截排水沟砌筑用材主要为片石。

6.2.3.2 地形整治工程

为了对废弃矿山进行植被恢复，需要对采砂迹地和尾矿砂地进行地形整治，满足复垦对地形的要求，主要包括修筑梯田和修坡筑沟等工程。

（1）修筑梯田：修建在采矿迹地和尾矿砂地坡度较缓的地段，如采矿迹地山顶、山脊和山窝等地段。修建后梯田面上铺设尾砂层（或客土）。根据《水土保持综合治理　技术规范——坡耕地治理技术》标准，结合实际情况，选择梯田断面形式。梯田断面形式主要分为水平梯田、坡式梯田、隔坡梯田 3 类。

（2）修坡筑沟：在池浸和堆浸工艺中，稀土矿采剥区大多坡度较陡，部分接近直立，原有的有效土层及大部分风化层全部被剥离，难以对其进行植被的恢复，考虑到工作量，拟采取修坡后沿坡面等高线挖沟，并回填客土或肥料的方法，以满足造林种草对地形及土壤肥力的要求。

6.2.3.3　蓄排水工程

为了控制矿迹地的水土流失和对水体的污染，需要修建必要的蓄排水工程，防止稀土矿开采造成的酸性污（废）水直接进入水体污染水源。

（1）蓄排水沟：一般沿单级平台后缘布置横向截水沟，不同高程水平的多级平台边缘布置纵向联络排水沟，治理区内地表径流通过纵横交叉的截排网络最终排向治理区地势低洼处的水塘。

（2）水塘：一般设置在坡脚或沟谷中，具体位置根据地形有利、岩性良好、蓄水容量大、工程量小、施工方便等条件确定，并且与排水沟（或排水型截水沟）的终端相连。水塘的分布与容量，应根据坡面径流流量、蓄排需求具体确定。

6.2.3.4　土壤改良工程

稀土矿开采导致土壤严重酸化，对于废弃稀土矿矿迹地及尾矿砂地，采用如下方法来进行污染土壤的改良，以满足植被修复（或经济作物）对土壤的要求。

（1）生石灰拌和表土。对于受到酸性污染的地表土，包括尾砂堆及尾砂淤积地，采用人工播撒或机耕播撒的方式将生石灰粉均匀拌入表土（地面以下 30 cm 以内土层），使其充分与表层土混合反应，以中和稀土矿迹地土质的酸性。

（2）为防止治理后的土壤进一步氧化而酸性增强，不利于进行土地复垦，对经石灰中和的表土层要进一步采用种植熟土覆盖的方法来抑制其被氧化；同时为了防止区内水土流失进一步加剧，要对矿迹地和尾矿砂地覆盖种植土来恢复地表植被，涵养水源。覆土厚度为 15 cm，覆土时依据平台设计标高虚填 30 cm，采用人工或机械夯实。为了使植被容易恢复，要求客土采自非稀土采矿区，土壤养分达到一般种植土水平。

6.2.3.5 植被恢复工程

将植被恢复工程与农业开发相结合，将土壤改良后的土地出租给农业开发公司或个人，用于种植油茶、玉米甚至蔬菜，农业开发公司或者个人结合市场需要，在土地利用的过程中，同时实现植被恢复。

6.2.3.6 联络线工程

由于原有的废弃稀土矿山缺乏良好的道路交通，治理设备、车辆、人员难以入场，需要修筑简易的道路工程，道路采用素土路面。

第7章 流域水污染控制与污染物削减方案

7.1 城市生活污染控制与污染物削减方案

7.1.1 城镇生活污水处理

2016 年，禾泸水流域井冈山市有 2 处污水处理厂，永新县、安福县和吉安县各有 1 处城镇污水处理厂，远不能满足禾泸水流域废水处理的需要。因此应推进沿河城镇污水处理能力建设。

根据禾泸水流域建制镇的分布情况以及污水排放情况，优先考虑新建泸水中游工业园区、禾水北支中游工业园区、禾泸水下游吉安县工业园区工业污水治理及提标改造工程，永新县、安福县、吉安县和井冈山市县城污水处理厂配套管网及其延伸工程，扩大污水处理覆盖范围。鼓励沿河 5 县（市）、1 区中心集镇按照 GB 18918 一级 B 排放标准要求，建设污水处理及配套管网设施。对于新建污水处理设施，必须“厂网并举，管网先行”。

加强污水处理厂污泥处理处置，新建污水处理厂和现有污水处理厂改造要求考虑配套建设污泥处理处置设施。

7.1.2 村镇生活污水处理

村镇污水处理工艺选择原则上采用无动力或微动力、无管网或少管网、低运行成本的处理技术，乡镇集中居民区的污水处理工艺可根据处理规模适度考虑动力驱动。经过对各村实际情况进行调查，利用现有水塘和沟渠，因地制宜新建集中式污水处理工程和分散式生态沟渠或氧化塘等组合处理工程。

农村污水处理工艺选择原则上采用无动力或少动力、无管网或少管网、低运行成本的处理技术，从工艺原理上通常可归为两类。一类是自然处理系统，利用土壤过滤、植物吸收和微生物分解的原理，又称为生态处理系统，常用的有人工湿地处理系统、稳定塘系统和地下土壤渗滤系统等。另一类是生物处理系统，又分为好氧生物处理和厌氧生物处理，好氧生物处理是通过动力给污水充氧，培养微生物菌种，利用微生物菌种分解、消耗吸收污水中的有机物、氮和磷，常用的有氧化沟、A/O、A^2/O法、生物转盘和SBR法等；厌氧生物处理是利用厌氧微生物的代谢过程，在无须提供氧气的情况下把有机污染物转化为无机物和少量的细胞物质，常用的有厌氧接触法、水解酸化、厌氧滤池、厌氧水解、UASB升流式厌氧污泥床等。

通常情况下，农村污水处理宜采用生物处理系统和自然处理系统相结合的处理工艺，以节约运行成本，目前比较成熟的有：生态滤池+人工湿地（江苏）、水解酸化+人工湿地（2011年吉安市连片乡镇生活污水处理示范工程）、稳定塘技术（1979—1981年的鄂州鸭儿湖稳定塘处理系统并入教科书，1991年天津汉沽稳定塘处理系统、1994年深圳布吉塘处理系统）、垂直流人工湿地（北京奥运村生活污水处理工程）、土地处理系统或地渗系统（清华大学生活污水处理工程、香港某社区生活污水处理系统、日本筑波市附近某社区生活污水处理工程）、土地渗滤处理系统+人工湿地（江苏金坛农村生活污水处理系统）、立体生态渗滤系统+人工湿地、厌氧—跌水充氧接触氧化+人工湿地、微动力净化装置+人工湿地、MBR处理工艺（2014年江西樟树八景镇生活污水处理系统、金达莱专利技术）、净化槽技术（日本农村常用处理技术、2013年云南洱海流域材村生活污水处理工程使用）等。各主要工艺技术特点如下：

7.1.2.1 渗滤土地处理系统

渗滤土地处理系统净化技术可分为污水快速渗滤系统（RI）和污水慢速渗滤土地处理系统（SRI）。其中，RI技术为有控制地将污水投放于渗透性能较好的土地表面，使其在向下渗透的过程中经历不同的物理、化学和生物作用，最终达到净化污水的目的。RI技术是一种高效、低耗、经济的污水处理与再生方法，主要用于补给地下水和废水回收利用。但是它需要较快的渗滤速度和消化速度，所以通常要求对进入此系统的污水进行适当的预处理。快速渗滤系统因其对污染物有较高的去除率和相对较高的水力负荷，在国内得到了较多应用。北京市通州区小堡村生活污水经快速渗滤处理系统处理后，出水水质指标达到GB 18918一级排放标准。北京市昌平区使用的快速渗滤处理系统由预处理池、渗滤池、集排水系统、贮存塘等部分组成，它对 COD、SS、总氮、总磷去除率分别为 91.9%、98%、83.2%和 69%。

SRI 技术通常被称为自然净化技术，对氮、磷等污染物的去除效果较好，但是传统的慢速渗滤系统的污水投配负荷一般较低，所投配的污水与植物需要、蒸发蒸腾量、渗滤量大体保持平衡，一般不产生径流排放，渗滤速度慢，以污水的深度处理和利用水、营养物为主要目标，基本不产生二次污染。SRI 系统的污水净化效率高，出水水质好，是土地处理技术中经济效益最大、对水和营养成分利用率最高的一种类型，但是污水投配负荷一般较低，渗滤速度较慢。

研究发现，当填料配比为锯末：陶粒：炉灰：土=1：2：2：5 时，土壤渗透性能最好，更适宜进行污水的土地渗滤处理。

7.1.2.2　地表漫流系统

地表漫流系统（OF）对预处理的要求低，而且不受地下水埋深的限制，大部分以地表径流形式被收集，少部分经土壤渗滤和蒸发损失，因而对地下水的影响小，是一种高效、低能耗的污水处理系统。

7.1.2.3　地下渗滤系统

地下渗滤系统（UG）是一种氮、磷去除能力强、终年运行的污水处理系统，与前几种处理系统不同，它埋于地下，因此对周围环境影响较小，不会孳生蚊蝇等，特别适用于北方缺水地区，而且对污水预处理要求低。南京大学在承担国家“863”太湖河网面源污染治理项目中，使用地下渗滤系统处理污水。污水首先进入预处理设施（化粪池），化粪池的上清液经混凝土（陶土）管自流至渗滤沟。在配水系统的控制下，经布水管、分配到每条渗滤沟床中，通过砾石层的再分布，沿土壤毛细管上升到植物根区，污水中的营养成分被土壤中的微生物及根系吸收利用，同时得到净化。该系统还可分为渗滤坑式地下渗虑系统（Seepage Pit）、渗滤沟式地下渗滤系统（Drain Trench）、渗滤管（腔）式地下渗滤系统、尼米槽式地下渗滤系统和复合型与改进型地下渗滤系统。

其中，渗滤沟式地下渗滤系统是目前应用最广泛的地下渗滤工艺，通常由化粪池、布水管网、砾石堆和处理场构成。渗滤管（腔）式地下渗滤系统是一种近年来国外出现的处理装置，特点是使用有一定空间的腔体结构和附属物包裹的渗滤管代替渗滤沟中的砾石堆，污水从渗滤管或渗滤腔下面和四周的小孔直接进入土壤中，具有易安装、费用低、处理能力强、可反复使用、处理规模调整方便等优点，因此成为国外比较热门的处理技术。尼米槽式地下渗滤系统是由日本人Niimi和Masaaki于20世纪80年代，利用毛管浸润扩散原理研制开发的一种浅型土壤系统，它的独特之处在于，它在布水管附近使用了不透水的厌氧槽，污水通过布水管，进入下方的厌氧槽，蓄积以后，由于毛细力的作用，往四周和上方扩散，厌氧槽的作用就是截留和储存大部分固体悬浮物，并对其进行液化酸化处理，一定程度上减少滤料堵塞的发生。毛管渗滤处理技术比较适合用于生活污水的处理与回用。复合型与改进型地下渗滤系统主要是基于一定处理目的的考虑，为了优化处理效果，选用两种甚至多种不同的处理技术组建的一种联合处理工艺，如兼氧接触氧化—土地渗滤系统联合工艺、人工湿地—地下渗滤系统工艺、生物滤池—地下渗滤技术等。

7.1.2.4 厌氧—跌水充氧接触氧化—人工湿地

该处理工艺充分利用污水逐级跌落、自然充氧的特征，在去除污染物的同时可降低动力运行成本，若村庄地形起伏明显，可形成自然落差，则该处理工艺可达到无动力运行效果，充分降低运行成本；跌水充氧技术利用微型污水提升泵剩余扬程，一次提升污水将势能转化为动能，分级跌落，形成水幕及水滴自然充氧，无须曝气装置，以削减污水生物处理能耗。但跌水充氧技术对水体的扰动不足，不利于生物膜的脱落和更新，同时跌水高度成为唯一可增加溶解氧转移系数的手段。但该工艺的跌水充氧单元处理设施位于地面之上，且需暴露在空气中，处理设施及周边环境易孳生苍蝇、蚊虫，影响四周环境。因此，该处理工艺适用于经济条件一般、对环境要求相对较低的村庄。

7.1.2.5 微动力净化装置+人工湿地技术

该技术利用现场地形条件确定污水处理方案，整个工艺除需微量动力，为天然无动力厌氧/好氧生活污水去碳、脱氮、除磷一体化生物处理工程，可有效降低运行成本，并且可利用村庄天然河塘、沟渠设施布置表面流或潜流式人工湿地，灵活实用。如水解酸化+人工湿地、厌氧水解+人工湿地均属于这一类，该处理工艺适用于处理规模较小、经济条件一般、拥有自然池塘或闲置沟渠的村庄。

厌氧—接触氧化渠—人工湿地：生活污水先进入化粪池，对大部分有机物进行截留，并在厌氧发酵作用下被分解成稳定的沉渣；化粪池出水经格栅拦截较大漂浮物后进入接触氧化渠，接触氧化渠充分利用地势差，形成跌水补充溶解氧，并去除污水中的溶解性有机物；接触氧化渠出水由溢流井引入人工湿地，填料大都采用卵石、碎石和瓜子片，在填料上栽种耐水、多年生及根系发达的美人蕉、香蒲、菖蒲等，对污水进行进一步净化处理。

其中关键工艺是人工湿地技术，它由介质土壤、碎石、砾石、煤块、细沙、粗砂、煤渣、多孔介质、硅灰石和工业废弃物中的一种或几种组合的混合物与地表植物芦苇、艾草、菖蒲等组成，是一种独特的“土壤—植物—微生物”生态系统。当污水沿一定方向流过人工湿地时，在微生物、土壤和地表植物的联合作用下得到净化。一般可分为表面流人工湿地、水平潜流式人工湿地、垂直潜流式人工湿地和潮汐流人工湿地 4 种，其他变型如复合垂直流人工湿地。人工湿地技术具有处理出水水质好、运行维护方便、管理简单、投资及运行费用低的特点，其投资和运行费用仅为传统污水二级生化处理技术的 10%～50%，较适合于资金少、能源短缺和技术人才缺乏的乡村，但人工湿地的占地面积远比传统工艺大得多。

7.1.2.6　一体化生化处理反应器

常用的一体化生化处理反应器工艺主要有 A/O、A/O+接触氧化、A^2/O+MBR、BAF、SBR、MBR 一体机等。其中一体化 SBR 处理工艺具有集成化、自动化程度高，占地面积小等优点，适用于用地紧张的居民集居点或零散农户，但该工艺存在投资和运行费用高、普适性差等问题。MBR 技术将传统污水处理生化—沉淀分离—过滤—消毒—污泥脱水干化—污泥处置等多个环节合而为一、高度集成；不排有机剩余污泥，基本无二次污染问题，出水可直接回用。经过处理出水化学需氧量小于等于 50 mg/L，SS 小于等于 10 mg/L，氨氮小于等于 20 mg/L。污水处理膜使用寿命可达 10 年以上。运行费用少、运行管理简单、抗负荷能力强。MBR 技术及产品可由如江西金达莱环保股份公司等相关产品生产方提供。

日本净化槽（Johkasou）技术是在农村分散污水处理方面应用的一体化处理设施技术，发源于 20 世纪 60 年代，经过几十年的发展，已经形成了一套比较完善的技术管理体系，在保护日本乡村水环境方面发挥了重要作用。该技术实为一种一体化反应器，2011 年，位于太湖流域东苕溪上游的浙江安吉县引进日本久保田株式会社水环境系统事业部提供的净化槽技术用于流域生活污水的处理，大大改善了水环境并为太湖流域清水入湖目标的实现提供技术支撑。该系统建造成本为 2.0 万～2.5 万元/m^3，运行成本为 0.63 元/m^3，农村工程处理站规模一般较小，无须专人看管，配置 1 人定期现场巡视即可，且工程占地面积小，出水水质好，运行方式灵活，但建设费用相对较高。从推广应用的角度考虑，净化槽技术适用于对水质要求较高和经济较发达地区。

7.1.2.7 生物滤池

生物滤池（BF）是一种人工构建并控制的主要利用天然净化能力的污水处理技术，它利用了生物过滤，综合了物理的、化学的、生物的复杂过程，使污水中污染成分得以降解，无害化或转化为可利用的物质。生物滤池适宜处理污染浓度或负荷较低的污水，其处理污染负荷一般低于传统二级生物处理法，但 COD、BOD、N、P、病原菌去除率高于传统二级生物处理法，处理出水水质更优且稳定。整套工艺适用于经济条件一般、进水量变化大、环境要求高的村庄。

多层复合滤料生物滤池+生态净化组合工艺：生活污水经管网收集后由自吸泵将调节池内的生活污水提升到高位水箱，经自动虹吸布水装置喷洒进入脉冲多层复合滤料生物滤池，经反应后出水由下部沟道排放到生态净化系统进行深度处理。生态净化系统结合当地可资利用的废弃池塘、低洼地，分别采用生态塘、人工湿地等生态工程工艺；生态净化系统还可以考虑将村落地表径流接入，与污水尾水一起处理，并预留通道在农灌期将处理出水直接排入农灌渠进行农田回用。

塔式蚯蚓生态滤池（TEEF）组合工艺前段由三格式化粪池进行预处理，水解酸化池具有沉淀和消化的功能。塔式蚯蚓生态滤池由多个塔层组成，每个塔层内有 30 cm 左右的以土壤为主的滤料层，既是蚯蚓活动区域也是生活污水的主要处理区域，土壤层下是不同粒径、不同种类的填料。每个塔层下面布有均匀的出水孔，塔层与塔层之间有 40 cm 左右的空间，在污水滴落的过程中，可以充分补充有机质分解时所需的氧。经反应后出水由下部沟道排放到人工湿地进行二级处理，最终出水排入河道或回用作农业灌溉及绿化用水。

7.1.2.8　稳定塘

稳定塘（SP）是一类利用天然净化能力处理污水的生物处理构筑物的总称，包括好氧塘、兼性塘、厌氧塘、曝气塘、深度处理塘、控制出水塘、储留塘等多种类型。自 20 世纪 50 年代开始，稳定塘技术在国内外得到了较多应用。稳定塘具有工程简单、可充分利用地形、处理能耗少、成本低等特点，但是它占地面积大，净化效果受季节、温度、光照等自然条件影响大。

以水生植物塘为例，适合种植的处理塘内水深 1.5～2.0 m，沿堤岸由上到下立体栽种鸢尾、再力花和风车草等水生植物，塘内进水口处栽种挺水植物菖蒲、再力花、纸莎草，对水生植物塘净化出水中的有机悬浮物进行进一步的拦截和净化。塘中搭配放养鲢、鲫等经济鱼类，对水体中的养分和其他代谢物起到控制作用，同时丰富系统的生物多样性，以利于系统的长期稳定运行。

7.1.2.9　曝气+人工浮岛技术

适用于河道和池塘水面的新型技术之一，目前在苏浙等省份使用案例较多。人工浮岛（AFI）也叫人工浮床，作为水边的环境保护技术——人工浮岛，由德国的 BESTMAN 公司想出来的、在日本琵琶湖作为鱼类用的产卵床人工浮岛 20 世纪 70 年代末就被研制出来，20 世纪 90 年代从日本引入中国，在武汉和上海有最早的示范基地。浮床有净化水质、美化水面景观、提供水生生物栖息空间及进行环境教育等多种功能。其优点有浮岛浮体可大可小，形状变化多样，易于制作和搬运；与人工湿地相比，植物更容易栽培；无须专人管理，只需定期清理，大大减少人工和设备的投资，维护保养费和设备的运行费用大大降低等。目前因使用目的不一样，设计模式存在较大差别和改良，如用于资源化和水质净化双重目标的水稻人工浮床，水芹人工浮床，用于景观和净化双重目标的菖蒲、美人蕉和彩叶草等净化床。

7.1.2.10 透水坝+生态沟工艺

透水坝是基于人工湿地原理和快速渗滤机理而开发的非点源控制新技术，它针对平原河网地区河网密集、水力坡降小的地形特点，以及农业非点源污染的时空不均匀性，用砾石或碎石在河道中的适当位置人工垒筑坝体，利用坝前河道的容积贮存一次或多次降雨的径流，通过坝体的可控渗流来调节坝体的过流量，同时抬高上游水位，为下游的处理单元提供“水头”。它既可以拦蓄径流，也具有一定的净化效果，由于径流在坝体内具有一定的停留时间，所以通过坝体表面种植的植物及“根区”（植物根系及根系附近的微生物形成的微环境）的共同作用，能够降解径流中的氮、磷等营养物质。

生态沟是在沟底及沟壁采用植物措施或植物措施结合工程措施防护的地面排水通道。与传统圬工排水相比，生态沟造价低、景观效果好、生态效益高，但其适用范围不及圬工排水沟。生态沟一般可分为 3 类：草皮水沟、生态袋水沟、生态砖水沟，如采用六棱空心砖铺砌，空心砖内培土植草。

如上土地处理、湿地处理、地渗系统、稳定塘等类似工艺与传统二级处理系统相比，其一次性投资费用大体为传统二级处理系统的 1/3～1/2，运转费用大体为传统二级处理系统的 1/10～1/5。据美国统计局 1999 年的数据，全美国 1.15 亿家庭中大约有 23%的生活污水由地下渗滤装置处理。美国亚利桑那州 Tucson 市二级处理出水经土壤渗滤后存储于土壤含水层中，在干旱季节抽出用于供水。该州的 Phoenix 地区于 1967 年开始研究用土壤含水层处理二级出水，系统产生的再生水可以用于灌溉等，工程费用比常规污水处理厂处理便宜得多。在法国，有 30～50 个污水处理厂采用渗滤池进行污水处理，出水储存于含水层中或者抽出回用；其海岸城市 Grau Du Roi 市为减少和避免二级出水对旅游地海水的污染，出水经自然土壤渗滤层后回灌地下含水层。1992 年北京市环境保护科学研究院建造了一个实际规模的污水地下毛管渗滤系统；中国科学院沈阳应用生态所在“八五”科技攻关项目中对土地渗滤系统应用于中水回用进行了探讨；2000 年，贵州环境科学研究设计院从日本引入最先进的地下渗滤处理技术，并在当地建立了生活污水示范工程，至今，设施运行正常，处理效果良好；清华大学于 2003 年年初在滇池流域呈贡县大渔乡太平关村建设了处理规模为 30～40 m^3/d 的地下渗滤系统，可处理 200 余户村民产生的生活污水。

综合考虑项目涉及的各村庄的人口规模、用水现状、用水量、地形地貌、周围环境等自然条件和经济能力、基础设施配套情况，拟选择厌氧水解、稳定塘、人工湿地和土地渗滤系统、生态沟等工艺作为主要备用工艺。

1）集中式污水处理组合工艺

用于新农村点和人口密集的村庄，一般具有一定基础的排水系统，能集中收集，水污染比较突出。

主要选择的工艺流程一：集中排放的生活污水→三格化粪池→排水沟→格栅井→水解酸化→人工湿地→强化处理氧化塘→农用或排入河道。

生活污水经管网排至格栅井内经格栅去除毛发、塑料袋等大的悬浮物后进入水解酸化池充分沉降、硝化后，出水通过配水管均匀分配到潜流和表面流人工湿地中，在人工湿地床中，水中污染物质经过吸附、微生物降解、吸收等多种途径去除后，各户生活污水在人工湿地中通过砂石层的再分布，经过土壤的物理、化学作用和微生物的生化作用以及水生植物吸收利用后得到处理和净化，进入人工湿地采用集水管收集初步处理后的废水，然后因地制宜地进入调节池后再进入强化型氧化塘，在氧化塘深度净化后可农用或排入河道。

工艺流程二：集中排放的生活污水→排水沟→格栅井→A/O 塘系统→人工湿地系统→生态沟→农用或排入河道。

工艺流程三：集中排放的生活污水→排水沟→厌氧水解池→氧化塘→生态沟→排入河道。

生活污水进入厌氧水解池，截留大部分有机物，并在厌氧发酵作用下，被分解成稳定的沉渣；厌氧滤池出水进入氧化塘，通过自然充氧补充溶解氧，氧化分解水中有机物；生态沟利用水生植物的生长，吸收氮、磷，进一步降低有机物含量。该工艺采用生物、生态结合技术，可根据村庄自身情况，因势而建，无动力消耗。厌氧水解池可利用现有净化沼气池改建，氧化塘、生态沟可利用河塘、沟渠改建。

工艺流程四：集中排放的生活污水→排水沟→生物滤池/土地渗滤系统→人工湿地→稳定塘/生态沟→排入河道。

生物滤池或土地渗滤系统可利用目前的地势进行建设，生物滤池和土地渗滤系统的填料优先使用碎石或砾石，土地渗滤系统还可以采用鹅卵石、废陶粒、煤渣、本地土壤、黄沙、木屑、花生壳、稻草秸秆和废红砖颗粒；人工湿地或氧化塘处理：结合村庄水文、地貌，选择系统附近的氧化塘或氧化沟，改造成人工湿地，人工湿地一般采用耐污能力强、根系发达、茎叶茂密、抗病虫害能力强、成活率高、生长周期长、美观且有一定经济价值的水生植物。结合植物类型特点，一般可选芦苇、菖蒲、香蒲、睡莲、莲等植物，使其更有观赏价值。另外，可以在湿地的周围种植若干大型常年生的木本植物，以提高除污能力。生态沟渠通过种植经济类的水生植物（如水芹、蕹菜、水稻、菰、紫芋、慈姑和野荸荠等）或者结合地方花卉或水草产业基础，开展水生观赏类植物的水培产业化与水质净化互惠互作（如绿萝、水仙、铜钱草、天胡荽、紫云英、牛毛毡、睡莲、碗莲、中华萍逢草、轮叶黑藻、金鱼藻和苦草等湿生水生植物），可产生一定的经济效益，并侧面激发民众对区域水质净化的原动力。经过整个系统的有机结合处理，确保最终出水高标准达标排放。

2）分散庭院式污水处理组合工艺

分散庭院式污水处理组合工艺主要是结合新农村建设中已建设好的三格式化粪池，适用于人口分散、收集管网不齐、收集成本效益比不合算、人口数量偏少的村庄。

工艺流程一：分散排放的生活污水→三格式化粪池→排水沟→格栅井→稳定塘→生态沟→农用或排入河道。

利用现有沟渠清淤后进行生态改造成生态沟渠、稳定塘对黑水和灰水分散处理，处理后的尾水与灌溉水源混合后进行稻田浇灌。

工艺流程二：分散排放的生活污水→排水沟→三格式化粪池→透水坝→人工湿地→生态沟→农用或排入河道。

工艺流程三：分散排放的生活污水→化粪池（复合微生物菌剂）→生态沟→池塘人工浮岛→微孔曝气→农用或排入河道。

工艺流程四：分散排放的生活污水→化粪池（复合微生物菌剂）→生态沟→跌水曝气→水生植物塘→天然湿地→农用或排入河道。

工艺流程五：分散排放的生活污水→厌氧池→稳定塘→生态沟渠→农用或排入河道。

7.1.3　城乡生活垃圾处理

实施生活垃圾处置系统建设是切实改善农村生产环境，进一步提高农民生活质量的重要举措。

结合禾泸水地区经济、社会条件，因地制宜地进行生活垃圾处置系统建设，优先推行“3+5”垃圾处理模式；配套垃圾收运相关设施，将不宜进行沤肥、回收利用的垃圾和其他有害垃圾运至较近的垃圾焚烧站及垃圾填埋场进行卫生填埋处理。

近期黄庄乡生活垃圾处理以“3+5”垃圾处理模式为主，在原有的基础上继续推广，扩大覆盖面，坚持农（居）户、保洁员、村（居）委会理事会三个责任主体地位，继续执行垃圾按类处理方式。分别建设井冈山市、永新县、安福县和吉安县城镇生活垃圾收集运送工程，配置垃圾压缩机、挂桶垃圾车或密封厢自卸式垃圾转运车。

7.1.3.1　农村生活垃圾处理相关准则

（1）农（居）户：一是门前三包，农（居）户确保自家庭院、草坪、房前屋后无垃圾、无污水溢流和杂物堆放整齐；二是对村内或集镇内街道或其他公共场所清洁卫生分块或分段包干到户；三是按要求对垃圾分类分拣并定点放置。

（2）聘用保洁员：在村庄和集镇，一般按照每50户农（居）户设置一名保洁员。

（3）组织成立村（居）理事会：负责对辖区内农村垃圾无害化处理的管理工作。

7.1.3.2 农村生活垃圾分类与处理方式

（1）沤肥垃圾，包括剩余饭菜等厨房垃圾和其他易腐蚀物类垃圾、农业废物等。沤肥垃圾由农（居）户（或通过保洁员）倒入沤肥窖或沼气池，成为有机肥料或清洁燃料。

（2）回收垃圾。金属类：废旧五金、金属易拉罐头盒等；纸类：报纸、杂志、黄纸板、包装纸、其他废纸等；玻璃陶器类：玻璃杯、旧碗罐等，塑料类：废旧塑料、塑料袋、矿泉水瓶等；橡胶类：废旧橡胶、旧轮胎等。此外，还有可利用的旧家电、家具和竹木材料等。回收垃圾由农（居）户→保洁员→供销部门进行回收、循环利用。

（3）土建垃圾，包括碎砖碎瓦、乱石块、混凝土、石灰块、泥土、破损陶瓷块等。土建垃圾按村庄和集镇规划定点由农（居）户自行用于填坑铺路。

（4）有害垃圾，包括废弃电池、过期农药、废油漆、废灯管、废日用化学品和过期药品。有害垃圾由生态环境部门会同供销部门按环保要求指导乡村收集后运送到指定地点进行无害处理（废弃电池须按环保标准封存）。

（5）焚烧垃圾，包括不易回收的废物织物、废木料竹料、枯枝树叶等。运送至黄庄乡环保高温焚烧炉焚烧。

7.2 工业点源控制与污染物削减方案

禾泸水流域5县（市）、1区应积极研究措施，全力推进工程治理减排项目（简称工程削减）、结构调整减排项目（简称结构削减）和监督管理减排措施（简称管理削减）“三大削减举措”。

7.2.1　工程削减

大力实施污水处理厂减排、脱硫脱硝减排和畜禽养殖污染减排等三大工程。不断加快城镇污水处理厂管网及配套设施建设，新建污水处理厂，加大医院污水处理站建设，化工、造纸、食品等重点企业工艺技术改造和废水治理力度；开展农村农业面源污染治理，确保大部分规模化畜禽养殖场和养殖小区配套建设固体废物和废水储存处理设施，实现废弃物资源化利用，降低废水中 COD 和氨氮排放量。

7.2.2　结构削减

严格控制高耗能、高排放行业低水平重复建设，对化工、火电、钢铁、造纸、纺织印染、水泥等行业项目，坚持规划环评先行，优化项目布局，明确环境风险防范措施和要求，建立长效监管机制；加快推进落后产能淘汰和兼并重组，对纳入产业政策名录淘汰类项目和设备，有计划地实施关停和淘汰；淘汰“禁燃区”内燃用高污染燃料炉具，停止燃用煤炭等高污染燃料，推动重点企业实施清洁能源替代，提高民用气化率；鼓励支持低碳、低排放支柱产业的发展，做大做强太阳能光伏、LED 光电、机械制造等产业项目。

7.2.3　管理削减

完善减排统计、监测、核查、预警、考核和公告制度，对减排工程进展缓慢、减排设置运行不正常的地区和企业，及时预警，督促整改。积极开展专项环保行动及环境风险排查行动，对境内问题企业分别采取限期整改、停产整改及依法处罚等措施。

7.3 农业非点源控制与污染物削减方案

7.3.1 化肥、农药污染防治方案

进入21世纪，随着人口的迅速膨胀，经济、物质生活的高速增长，高化肥、农药用量的集约化农业的普及，大量的化肥、农药通过雨水冲淋、农田灌溉、土壤渗透等途径进入江、河、湖、库等水域，使许多地区的湖泊、河流、近海域出现了严重的富营养化问题，严重影响了这些地区的水质。在全球范围内，农业面源污染正在成为水体污染的主要原因。

在禾泸水流域内积极推广实施农田化肥、农药减施工程，以满足现代生态农业基本要求。

（1）积极示范推广生物农药、高效低毒低残留农药和新型高效药械，以生物防治、物理防治部分替代化学防治，控制农作物虫害发生频次，减少化学农药用量。如采取安置诱虫灯和杀虫灯（如太阳能杀虫灯）、生物诱捕技术、推广生物农药等手段，全面开展植保专业化防治，建设生态农业示范工程。

（2）开展农业科技培训，提高化肥减量化意识，发展绿色生态农业，推广以有机肥为主、优质化学肥料为辅的优化配方施肥技术；通过政策引导、市场运作，推广科学施肥技术，提高土壤肥料利用率。在农作物播种面积较大的村庄实施农田化肥、农药减施工程，积极推动区域有机绿色无公害产品种植基地建设。

7.3.2 农膜污染防治方案

7.3.2.1 推广使用可降解农膜

在可降解农膜还不能大面积应用的情况下，美国、日本、以色列等国使用较厚的强力塑料地膜进行农作物栽培，以便于回收。从长远来讲，加强可降解塑料薄膜的研制开发、推广使用可降解塑料薄膜是减少农田白色污染的一个重要举措。

7.3.2.2　以天然纤维制品代替农膜

利用天然产物和农副产品，如秸秆类纤维生产农用薄膜，以部分取代农用塑料薄膜，不失为一种较好的方法。

7.3.2.3　采用适期揭膜技术

使用较厚的强力塑料地膜，成本高。使用超薄膜，强力差但成本低，农民乐意接受，但应加强超薄膜的回收。从农艺措施入手，把习惯上作物收获后揭膜改为收获前揭膜，选择最佳揭膜期。适期揭膜既能提高地膜回收率，防治残膜污染，又能提高作物产量。适期揭膜可缩短覆膜时间 60～90 天，地膜仍保持较好的韧性，一般回收率可达 95%以上，基本消除了土壤的残膜污染。适期揭膜能够降低田间湿度，有利于抑制病虫害、作物根系和土壤的透气性和作物后期田间管理，如中耕除草、中后期作物追肥等。

7.3.3　农业开发污染防治方案

7.3.3.1　合理使用化肥农药，防治污染环境

降水径流是可能造成化肥农药流失较大的主要原因。设计时要求将项目区的雨水径流通过各种排水形式排入项目区内的池塘和农灌沟渠等水域，特别是初期雨水含有农药化肥等污染环境物质，应排入项目区内的水塘，作为灌溉用水回用，将农药化肥对环境的影响减小到最低程度。

7.3.3.2　执行有关规定，制定有关措施

执行《农药安全使用标准》《农药安全使用规定》《农药合理使用准则》和《农药管理条例》，积极采用下列防护规定和措施。

（1）应执行“预防为主，综合防治”的方针，积极采用各种有效的非化学防治手段，尽量减少农药使用次数和用量，农药使用做到安全合理，充分发挥农药有益效能。流域内尽量采用有机肥代替化肥，用人工除草取代部分除草剂。

（2）农药化肥集中在专用库房内保存，并由专人负责保管，农药进出仓库建立登记手续。对农药的选择、贮放、领用、使用制定一套严格的管理制度，建立

农药、化肥使用档案和病虫、草害发生档案。

（3）执行高毒农药和高残留农药的有关使用规定，尽量用低毒、低残留农药替代高毒、高残留农药。禁止使用国家和地方禁止使用的农药品种。

（4）装过农药、化肥的空箱、瓶、袋等容器不准用于食品和饲料的盛放，上述固体废物应集中收存处理。

（5）各种化肥农药使用不得超过相关标准规定的最高用药量和最多使用次数，提倡不同类型的农药交替使用。

（6）选择合适的施肥及施药人员，要求身体健康、工作认真负责，并经过相应的技术培训，作业时严格执行相应的操作规范。

（7）风险事故防范措施：

①农药、化肥运输应严格执行危险品运输的有关规定，办理相关的准运手续，运输车辆应有明确标志。

②加强运输车辆驾驶员的交通安全意识，将安全隐患降低到最低程度。

③若农药、化肥运输车辆发生交通事故，农药、化肥泄漏到外环境中，应通知有关路政、水政、环保等部门积极采取应急措施。能回收的农药尽量回收。若农药、化肥进入水体，有条件的应对该水体进行封闭处理，等农药、化肥浓度降低到安全浓度时，才能与外界水体相通；不能封闭的水体，则要尽量防止农药、化肥的扩散，并告知附近用户，谨慎使用该水体，直至化肥、农药浓度降至正常水平。

④施药人员应严格遵守相关的农药、化肥使用规定，禁止在天然水域中清洗各施药机械和容器，不在天然水域旁配制农药、化肥。

⑤科学施肥、施药，注意天气变化，禁止在雨季及大雨前使用化肥、农药。

7.4 畜禽养殖污染控制与污染物削减方案

按照流域内统一部署及相关技术规范，将各县所辖乡镇划分为禁养区、限养区和宜养区，禁养区禁止建设畜禽养殖场；限养区、宜养区养猪场实现污染物排放达到国家规定排放标准。全面推广“养殖设施化、生产规范化、防疫制度化、粪污无害化”生猪养殖技术，实现养殖粪污“减量化、无害化、资源化”。

选用粪污处理工艺时，应根据养殖场的养殖规模、养殖条件、当地的自然地理环境条件以及排水去向等因素确定工艺路线及处理目标，并应充分考虑畜禽养殖废水的特殊性，在实现综合利用或达标排放的情况下，优先选择低运行成本的处理工艺。

7.4.1　模式 I

模式 I 基本工艺流程见图 7.1，该模式以能源利用和综合利用为主要目的，适用于当地有较大的能源需求，沼气能完全利用，同时周边有足够土地消纳沼液、沼渣，并有 1 倍以上的土地轮作面积，使整个养殖场（区）的畜禽排泄物在小区域范围内全部达到循环利用的情况。

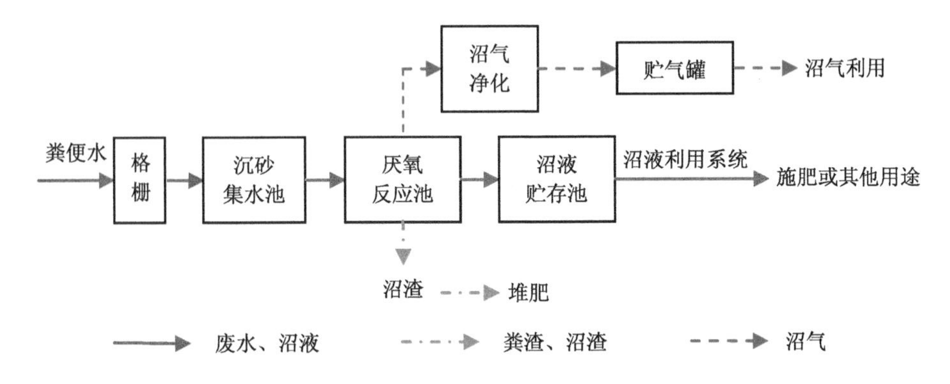

图 7.1　模式 I 基本工艺流程

该模式基本原理是畜禽粪尿连同废水一同进入厌氧反应池，未采用干清粪工艺的，应严格控制冲洗用水，提高废水浓度，减少废水总量。采用该种模式的养殖场应位于非环境敏感区，周围的环境容量大，远离城市，有能源需求，周边有足够土地能够消纳全部的污染物，养殖规模宜控制在存栏 2 000 头及以下。

7.4.2 模式Ⅱ

模式Ⅱ基本工艺流程如图 7.2 所示，该工艺适用于能源需求不大，主要以进行污染物无害化处理、降低有机物浓度、减少沼液和沼渣消纳所需配套的土地面积为目的，且养殖场周围具有足够土地面积全部消纳低浓度沼液，并且有一定的土地轮作面积的情况。

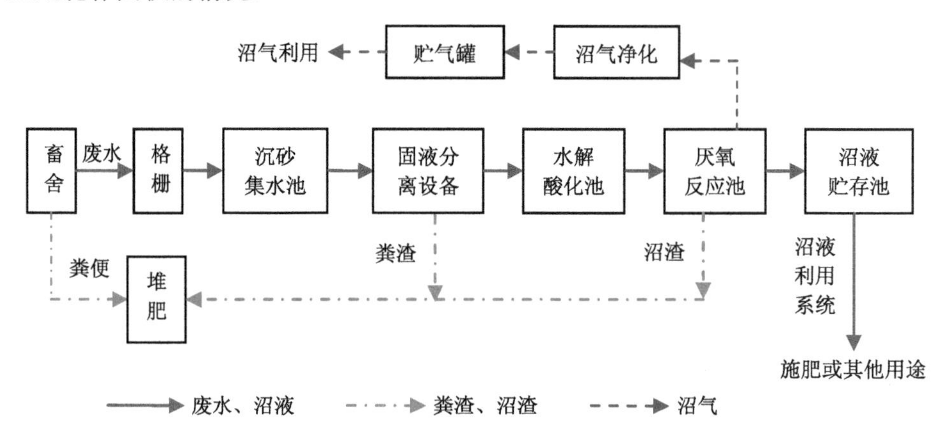

图 7.2 模式Ⅱ基本工艺流程

该模式基本原理是废水进入厌氧反应池之前应先进行固液（干湿）分离，然后再对固体粪渣和废水分别进行处理。采用该种模式的养殖场养殖规模宜控制在存栏 2 000 头及以下。

7.4.3 模式Ⅲ

模式Ⅲ基本工艺流程如图 7.3 所示，该模式适用于能源需求不高且沼液和沼渣无法进行土地消纳，废水必须经处理后达标排放或回用，且存栏在 10 000 头及以上的情况，其基本原理是废水进入厌氧反应池之前应先进行固液（干湿）分离，然后再对固体粪渣和废水分别进行处理。

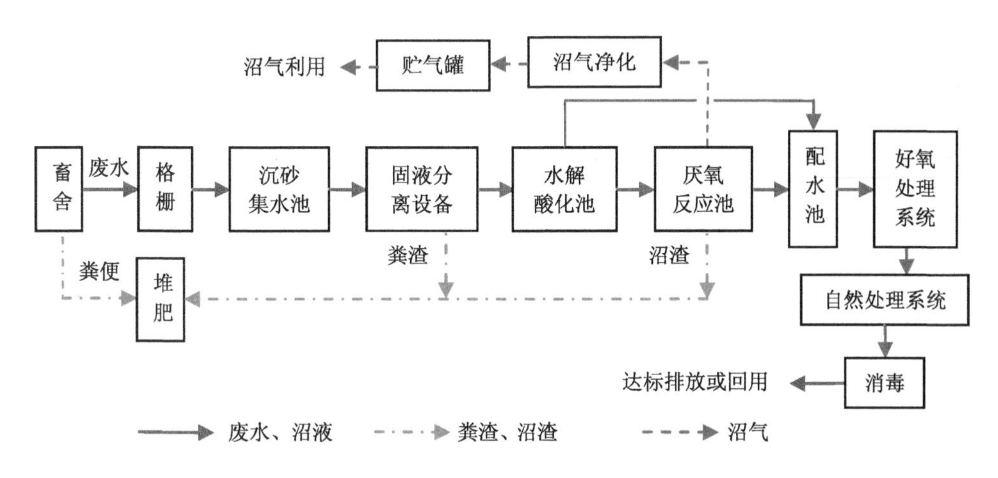

图 7.3　模式Ⅲ基本工艺流程

全面推进畜禽养殖场实行雨污分流、干湿分离，做到粪污减量化；畜禽养殖场必须配套建设与养殖规模相适应的厌氧、好氧、氧化塘工艺治理设施，实现达标排放；干清粪堆放场所具备防渗、防漏、防雨功能，经无害化处理后综合利用；新建、扩建和已建成的养猪场都必须配套建设与养殖规模相适应的病、死猪无害化处理设施，对病、死猪坚决执行“四不一处理”规定，避免疫病的扩散与传播。

2017 年年底前，在禁养区范围内的生猪养殖场必须迁出或关停；2018 年年底前，限养区范围内的畜禽养殖场，完成干湿分离、雨污分流设施，建设有猪粪发酵系统，污水处理系统及病、死猪无害化处理系统；2020 年年底前，宜养区范围的畜禽养殖场，完成干湿分离、雨污分流设施，建设有猪粪发酵系统，污水处理系统及病、死猪无害化处理系统。

7.5　生态环境污染控制与污染物削减方案

7.5.1　加大植树造林力度，防治水土流失

禾泸水流域水土流失现象一直是影响周边和下游居民正常生产生活的主要因

素之一，该流域水土流失治理也应作为禾泸水区建设的一项重要内容。除要注重面上水土流失治理外，还应突出重点流失区（如矿区、基础设施建设区），以加快生态恢复进程。在治理中既要注重山、水、田、林、草、路、村等的综合治理，还应注重与经济发展有机结合起来，在大力营造水保林、公益林、水源涵养林的同时，因地制宜，大力发展优质经济林。

7.5.2 调整产业结构，培育新型产业

必须注重产业结构调整，将生态功能保护建设作为产业结构调整的一条重要途径，培育新的经济增长点，充分发挥区内山清水秀、环境污染轻的优势，发展环保绿色无公害食品，加快生态产业进程。其中生态环保性产业或产品既符合区情，也有较大市场前景。大力发展生态农业。对流域内生态功能退化区域，如有污染的水体、重要的旅游景区、采矿迹地，通过结构调整、污染整治和生物工程措施，开展生态恢复与重建，逐步恢复其生态功能。

7.5.3 依靠科技进步，提高治污水平

实行清洁工艺生产，减少污染物排放量。通过对工业燃料和设备的技术改造，调整能源结构，推广使用可再生能源或轻污染能源，减少“三废”（废水、废气、固体废物）的排放量。依靠科技进步，加强对治污设备的研究，提高治污水平。应用先进技术对城市和乡镇垃圾进行处理或废物生活污染源对禾泸水的影响。

7.5.4 加强矿山生态修复

在矿产资源开发利用过程中，坚持“谁开发、谁保护，谁破坏、谁治理，谁受益、谁补偿”的原则，明确采矿权人对矿山自然生态环境保护与治理的义务和责任。开展矿山整治，完善矿产资源规划体系，合理开发利用矿产资源。严格新建矿山准入条件，大力查处非法开采和破坏矿山地质环境行为。加强矿山环境影响评价，加强地质环境影响监测，防止矿区地质灾害发生。坚决关闭破坏生态、

污染环境和位于自然保护区、风景名胜区、饮用水水源保护区、基本农田保护区内的矿山。坚持矿产资源开发利用与生态环境恢复并举的原则。

制定矿山生态恢复管理办法，责成业主根据各废弃矿山地貌特征，限期进行因地制宜的生态恢复。加强矿山生态环境的治理和保护，对已造成生态破坏和发生严重地质灾害的矿山限期整治和进行恢复治理。向所有采矿企业征收生态恢复保证金，设立生态恢复建设基金，用于因地制宜的生态恢复。

7.5.5　实施水域多功能分区，污染物实行总量控制

根据江西省水环境功能区划，结合禾泸水流域的水文、水质状况和水体的多种使用功能，提出水域多功能分区，将禾泸水流域划分为饮用水水源地保护区、水生植被保护区、风景旅游区等，严格分区分级管理，定期监测水质变化。加大治理污染源的力度，工业废水和生活污水严格执行 GB 8978 和 GB 18918 排放要求，实施污染物总量控制。

7.5.6　把握国家、省级和市级资金政策导向，积极申请相关污染防治资金

2015 年环境保护部发布了《水污染防治行动计划》，其中提出要“加快农村环境综合整治。以县级行政区域为单元，实行农村污水处理统一规划、统一建设、统一管理，有条件的地区积极推进城镇污水处理设施和服务向农村延伸”。这项政策的实施能够有效改善禾泸水流域周边水环境质量，对保护禾泸水下游赣江水体水质具有重要意义。

因此，流域周边县（市）应根据相关政策的要求，选择具有典型代表的乡镇建设农村水环境综合整治试点示范，引导和带动农村环境保护和综合治理全面展开。

7.5.7　加快县（市）生态示范区建设，积极申报生态县、村镇

生态示范区包括生态农业、生态林业、水资源开发和保护、生态工业、生态

城市和城镇建设、生态旅游、环境保护等。通过生态示范区的建设，能够促进当地经济增长方式的转变，推动经济结构的调整，在发展经济的同时，使区域环境质量得以改善，禾泸水流域吉安段正在建设的生态示范县（市）仅有安福县和井冈山市，因此，应该积极推进吉安县和永新县生态县、生态乡镇的建设，这对改善禾泸水流域的生态环境起着积极的作用。

第8章

生态系统调控方案

8.1　区域生态保护与建设

8.1.1　水土流失治理

禾泸水流域南、北部高山区，东、中部丘陵山区，西部平原区、禾泸水下游吉安段区域生态功能为重要的水土保持和水资源利用功能区，要大力营造水土保持林和水源涵养林。对现有林要以抚育为主，严禁毁林开荒和乱砍滥伐。封山育林和人工造林相结合，逐步恢复森林植被。

抓好水土流失预防，加强小流域治理。牢固树立绿色发展理念，依法划定水土流失重点预防区和重点治理区，制定水土流失重点预防区和重点治理区管理制度，建立水土保持生态红线管控制度，对江河源头区、饮用水水源保护区、生态脆弱区和生态敏感区的生产建设活动从严控制。在重要江河源头区和重点水源地推动开展生态清洁型小流域治理。坚持以小流域为单元，山、水、田、林、路综合治理，人工治理与封育治理相结合，充分发挥生态自我修复能力，加快植被恢复重建，促进人与自然和谐共处；坚持工程措施、林草措施与耕作措施优化配置，突出小型水利水保工程尤其是雨水集蓄工程的建设，注重提高农业抗旱能力。开展坡耕地改造、退耕还林、植树造林等工程，针对流域内的大型水库特别是具有饮用水功能的库区重点开展水土流失区域的治理，重点治理各类矿山、采石厂、崩岗岸带。继续加强安福县、永新县、泰和县等地区水土流失的治理，巩固井冈山市国家水土保持重点治理工程（罗霄项目区）、安福县邓家小流域水土保持综合治理工程等项目治理成果。选择合适的地区开展水土保持生态治理试点工程，推进实施流域内中小河流综合整治工程等项目。

加强水土流失的监测体系建设。加强水土流失的监测工作，扎实抓好水土流失监测预报。建立完善的监测体系，在流域生态安全基线调查中拟开展湖区沿岸水土流失污染物监测。组织开展全流域水土流失情况调查并向社会公告。进一步完善全流域水土保持监测站点改造及建设，开展常规数据采集；应用遥感与地面调查相结合的方法，加强对重点区域、重点工程开展动态监测，完善水土流失评价体系，为政府宏观决策提供依据。

加大水土保持监督管理力度。以新《水土保持法》颁布施行为契机，以提高水土保持监督能力为保障，按照依法行政、简政放权的要求，以法律为依据，全面梳理流域内各水利部门水土保持工作的法定权力和责任，公布相应的权力清单和责任清单，建立事中、事后监管制度，加强对生产建设项目的过程监管工作。

8.1.2 水源涵养生态功能维护

针对禾泸水上游林地水源涵养区，以现有生态公益林为基础保护对象，采用人工造林、封山育林、低产低效林改造等办法，营造阔叶林或针阔混交林，提高森林质量，扩大森林面积，改善流域内重要城镇周围及其生态脆弱地段的生态环境，减少流域核心区水土流失面积。

8.1.3 水源保护区生态灾害应急

明确水源保护区责任主体，认真落实各项工程措施和生态保护措施，切实做好饮用水水源保护区的监督管理，做好饮用水水源污染事故应急预案，制定有针对性的突发污染应急预案，科学有效快速应对突发事件对饮用水水源造成的污染危害；实施环境监测监管工程；实施应对突发污染和常态污染工程，制定突发污染事件应急预案，采取常态污染应对技术措施；研发工程物理法除藻技术、机械打捞除藻与藻类资源化、生物控藻等除藻控藻关键技术，有效防治饮用水水源地污染，确保群众饮用水安全。

8.1.4 自然保护区建设和生物多样性保护

以自然保护区、生态功能保护区、生态脆弱区的建设和保育为主体，保护和恢复自然生态系统的整体功能。加强自然保护区管理队伍建设，对自然保护区的法定界线进行仔细勘测确定，用于严格管理。启动湿地生态补偿试点，在生态补偿政策方面，环保部门需要会同财政、发展改革、水利等部门研究探索生态补偿政策，拓宽生态保护资金渠道。

8.1.4.1　自然保护区建设

重点加强七溪岭、高天岩、桃花洞、三天门自然保护区的建设与保护，改善保护区景观结构，保护动植物栖息地，合理扩大保护区面积，积极提升自然保护区的级别。开展生物资源、生态系统类型考察，将切实需要保护珍稀濒危物种及其生境、自然遗迹等类型纳入自然保护小区的行列，并强化管理。加强各级森林公园建设和管理，保护野生动植物资源。

加强生物物种、生物基因、生态系统及其生物多样性保护。大力开展保护区内生物多样性研究，适时建设具有生态教育、生态科普、生态旅游、生态保护、生态恢复等多功能的环境教育基地。科学地选择园林绿化树种，营造生态园林乡镇特殊的植物景观；大力开发利用地带性的物种资源，尤其是乡土植物，有节制地引进外域特色物种，构筑具有地域植被特征的乡镇生物多样性格局；构建生物多样性丰富的复层群落结构，提高单位绿地面积的生物多样性指数。保护城市自然遗留地和自然植被，维护自然演进过程。加强珍稀濒危动植物保护，加强古树名木的保护。

8.1.4.2　湿地生态功能区建设

湿地在涵养水源、净化水质、蓄洪防涝、调节区域气候、维持碳循环、保护生物多样性等方面发挥着不可替代的作用，被人们誉为“地球之肾”。党的十八大报告提出，要加强饮用水水源地保护，扩大湿地面积，保护生物多样性。随着生态文明建设上升为“五位一体”总体布局，湿地保护越来越受到重视。要切实加强流域内现有安福泸水河湿地公园、吉安君山湖省级湿地公园等湿地的保护，维护湿地生物多样性，积极申报国家级湿地公园建设，对有必要的湿地需进一步上升其保护等级。要牢固树立像保护森林一样保护湿地的理念，大力强化湿地保护与恢复的各项措施。广泛开展湿地保护宣传，科学编制各地湿地保护规划，加强加快湿地保护体系建设，严格执行重要湿地占用、征收审核审批制度，严厉查处破坏湿地资源的行为，严守湿地面积保有量红线，确保实现湿地面积零净损失。要着力修复和提升城区湿地生态功能。提倡自然和近自然护岸，具备条件的地方，应当在不影响防洪安全的前提下，逐步对现有硬质护岸进行生态改造，开展滨岸湿生植物带的恢复和重建，充分发挥湿地的水体净化功能，维护城区湿地的生物多样性和生态平衡。

8.1.5 入湖河道生态保护与修复

对流域内汇入禾泸水的小型河流（洲湖水、谷口水、泰山水、东谷水、山庄水、同江河等）进行河道综合整治；在河道两岸种植植被，开展河岸带生态恢复；修建截污沟、截污湿地带；建设生态防护林，打造生态景观带。改善峡江水库入库河流的水质，保护河道周边生态环境，使影响流域水质的外源污染物在进入湖库前净化，减少入湖污染物通量，不再进入复杂的水库生态系统进行循环。

8.1.6 河岸带生态保护与水生态修复

河岸带是陆地生态系统和水生生态系统的生态过渡区，为保护和修复禾泸水流域的水生态环境，需对河岸带面源污染严重区进行污染控制，拟开展局部河道的水生态修复与河岸带生态削减带构建，来搭建生态防护体系，阻断非点源污染物的输入，降低面源污染严重湖区的污染贡献，最终为库区生态健康恢复提供调控保障措施。

对饮用水水源地一级保护区和清水产流生态重点区进行封山育林的封闭式调控，建设湿地及自然保护小区，保持区域内独特的自然生态系统并趋近于自然景观状态，维持系统内部不同动植物种的生态平衡和种群协调发展，起到保护生物多样性、蓄洪防旱、调节区域气候、控制土壤侵蚀、降解环境污染等重要作用，并在尽量不破坏原生态系统的基础上建设不同类型的辅助设施，在限制开发区将生态保护、生态开发和生态环境功能保障有机结合起来，实现自然资源的合理开发。

（1）近自然河道修复方案：不同粒径配比的卵石—河砂—黏土基质回填；水深—流速—光强梯度技术塑造；河道改曲；依据防洪安全适地开展生态堤岸外移；河道水草—湿生植被群落重建；水生动物群落技术复原等国际先进的近自然河流保全、再生修复方案；采用植生袋修复、生态河岸快速再生工程技术、（双穗雀稗、结缕草、糙叶薹草、狗牙根等）草甸复原技术等组合技术进行河岸防护、景观重塑、生态功能重建。

（2）近自然河道再生辅助方案：注重施工临时避难所（沉水鱼笼、简易土工鱼道、贮水池资源临时看护）的建设，对种子库丰富的施工段河岸实施土堤表土的剥离和粘贴复原；河道洲滩的乡土优势禾本科+蓼科+莎草科湿生草本种子播撒恢复。

在确保防洪防涝的前提下，选择适宜性生态修复技术，采取适当的工程措施，增加河水入湖前的滞留时间，净化径流污染物。对行洪要求高的河段，对河道淤积物和沉积物进行清除，搬迁和拆除侵占河堤违法建筑，确保河道过流断面及水流通畅，降低水体富营养化程度，改善河流水质；采用河道生态护岸工程，提高河岸带水土保持和水生态修复能力。

8.1.6.1　重点河滨缓冲带生态拦截

因地制宜建设河滨缓冲区域，采用乡土树种和草本植物对水土流失严重和人为干扰强烈的重点河段、小流域汇集的面源污染河段实施河滨缓冲带生态拦截工程，削减入河污染负荷，缓冲带宽度设置为 20～120 m。

营造河堤河岸防护林：在河堤和河岸处营造防护林，减缓水流速度防止河堤和河岸的冲刷。护坝护堤防护林的宽度在 10 m 为最优；要在坝堤迎水处距堤脚 2 m 之外以及背水处远离堤脚处营造防护林带。

8.1.6.2　水库库周缓冲带生态拦截

对禾泸水流域内的足山水库、武功湖、南车水库等饮用水水源地一级保护区和清水产流生态重点区进行封山育林的封闭式调控，建设湿地及自然保护小区，保持区域内独特的自然生态系统并趋近于自然景观状态，维持系统内部不同动植物种的生态平衡和种群协调发展，起到保护生物多样性、蓄洪防旱、调节区域气候、控制土壤侵蚀、降解环境污染等重要作用，并在尽量不破坏原生态系统的基础上建设不同类型的辅助设施，在饮用水水源地二级保护区内实施限制开发措施，将生态保护、生态开发和生态环境功能保障有机结合起来，实现自然资源的合理开发和生态环境的改善。

本方案主要实施生态拦截、污染物消纳等技术。

（1）旱坡地面源污染物生态工程拦截技术：在库周典型小流域结合不同农业和工程技术措施对旱坡地面源污染物的拦截效果，实施高效的拦截技术措施，进行立体组合，并结合科学施肥、截留生态沟和乔灌草速植技术，实施适宜库区沿岸旱坡地面源污染物生态工程拦截技术。

（2）库区消落带氮、磷生物消纳技术：采用富集吸收消落带氮、磷的多种乡土植物组合模式，构树+斑茅+双穗雀稗、枫杨+山类芦+牛鞭草、蔷薇+夏枯草+红薯、斑茅+狗牙根+苍耳+芒萁，其中将以构树+斑茅+双穗雀稗、枫杨+山类芦+牛鞭草等模式为主。

实施流域内重点库区的河滨/库周缓冲区保护和修复。优先保护流域内重点库区河滨/库周生态敏感区，含退渔还库、不合理占用河滨/库周湿地和库岸线清理等综合整治工程，逐步恢复东江源区河滨/库周缓冲区的结构和功能；生态恢复中要优先选用乡土物种，逐步提高缓冲区生态系统拦截能力。

根据河流类型划定合适的河岸缓冲带，缓冲带应尽可能建在靠近污染源的地方，并且沿等高线分布使水流可以平缓地流过缓冲带，建立林草障分散汇集的水流。种植本土乔木樟树且永不采伐，为水流遮阴和降温，巩固流域堤岸以及提供大木质残体和凋落物。

植物的种植密度或空间设计，应结合植物的不同生长要求、特性、种植方式及生态环境功能要求等综合研究确定，一般要求可参照如下：①灌木间隔空间宜为 100～200 cm；②小乔木间隔空间宜为 3～6 m；③大乔木间隔空间宜为 5～10 m；④草本植株间隔宜为 40～120 cm。植被缓冲区域面积占所保护的农业用地总面积比例宜为 3%～10%。从地形的角度，缓冲带一般设置在下坡位置，与地表径流的方向垂直。对于长坡，可以沿等高线多设置几道缓冲带以削减水流的能量。溪流和沟谷边缘宜全部设置缓冲带。

8.1.7 自然灾害防治

8.1.7.1 地质灾害防治监督管理

市、县（区）、乡（镇）人民政府要建立以党政领导为责任人的地质灾害防治领导小组，将地质灾害的防治规划纳入全市国民经济和社会发展计划之中，把地质灾害防治的管理工作落到实处。作为地质灾害防治工作的主管部门，市国土资源局负责全市地质灾害信息发布、灾情评估、建设用地等地质灾害危险性评估以及地质灾害责任鉴定、纠纷调查处理、国土空间规划的具体实施等，落实地质灾害防治工作经费，严格控制傍山切坡建房。市其他各级行政主管部门，包括气象、规划、公安、林业、建设、水利、电信、民政、卫生等均应在各项行政工作中配合地质灾害防治管理工作的开展，加强农村地质灾害基本知识宣传，积极做好新农村建设中各项地质灾害防治工作，协助国土资源主管部门，切实落实地质灾害防治规划，强化人大、群众对地质灾害防治工作的监督作用。

8.1.7.2 开展地质灾害调查与评价

开展切坡建房、交通干线沿线、重点水利水电工程建设区、岩溶地面塌陷易发区、山区学校、旅游景区以及矿山等地质灾害调查与评价。系统查明地质灾害隐患的分布规律、形成条件、诱发因素、稳定状态及危害程度，科学划定地质灾害易发区。

8.1.7.3 建立完善地质灾害监测预警体系

完善市、县（区）、乡（镇）、行政村、村民小组五级地质灾害群测群防网络体系；逐步开展重要地质灾害隐患点专业监测；加强地质灾害预报预警，建立健全预报预警信息发布机制。在全市已有地质灾害基础调查成果和监测点的基础上，建立地质灾害空间数据库与监测信息系统，实现数据采集、存储、传输、分析和动态管理，加强专家咨询与会商，为地质灾害防治提供及时、准确的信息和决策依据。进一步加强与气象、水文监测预报信息系统及山洪灾害预警系统的联络与协作，建立和完善省、市、县三级地质灾害—气象预警预报系统，形成国土、气象、水文等多部门联合预测预报机制，提高地质灾害预警预报的精度与水平。

8.1.7.4 建立健全地质灾害应急体系

建立和完善地质灾害应急指挥系统，建立统一领导、分工负责、分级管理、反应灵敏、协调有序、运转高效的管理体制和运行机制；编制、修订突发地质灾害应急预案，基本形成横向到人、纵向到点的预案体系；建立由相关部门组成的应急小分队；加强装备建设，救灾物资设备有足够储备；加强救灾培训与实战训练；加强地质灾害专家库建设，在地质灾害应急时运用新理论、新技术、新方法，全面提高快速反应和应急处置能力。

8.1.7.5 汛期地质灾害防治

汛期地质灾害防治，是全市地质灾害防治的一项长期和综合性的重点工作，必须加强各级政府的领导、各有关部门的密切协作，切实抓紧、抓实、抓好。根据流域地质灾害的特点，每年汛期（一般为4—8月）列为地质灾害防治的重点时期。进一步完善、实施汛期值班制度、应急调查制度、巡查制度、灾情险情速报制度、与技术支撑单位联席制度等。编制与发布年度地质灾害防灾方案，开展地质灾害气象预报预警，根据年度地质灾害防灾预案或方案，检查与落实地质灾害隐患点（段）群测群防责任制；组织地质灾害隐患点巡查、监测、应急调查；实时做好汛期气象—地质灾害预警预报工作；严格执行汛期值班制度与重要险情、灾情速报制度；做好突发性地质灾害应急、抢险救灾工作和灾后处置工作，确保不因地质灾害出现重大的人员伤亡。

8.1.7.6 地质灾害治理和搬迁避让

根据地质灾害隐患点的规模、危害程度、防治难度以及经济合理性等实际情况，对现有稳定性差或较差的各类地质灾害隐患点和规划年份新发生的地质灾害隐患点，依据轻重缓急的原则分期分批进行治理，包括应急性治理、搬迁避让、工程治理。对难以治理、治理成本较高的地质灾害隐患点和地质灾害高易发区的受威胁居民点，结合新农村建设，实施搬迁避让；对危害较大、受威胁建筑物不宜搬迁避让的重要地质灾害，实施就地工程治理，消除隐患。

8.2　资源开发的生态监管

积极贯彻落实国务院印发的《全国生态环境保护纲要》，加强资源开发的生态环境保护监管工作，防止资源开发建设不当造成新的重大生态破坏。通过行政监管措施，将生态保护与资源开发有机结合。

8.2.1　资源开发规划和环评

8.2.1.1　资源开发规划

结合《矿产资源法》及其配套法规、《全国矿产资源规划》、国土资源部《矿产资源规划管理暂行办法》《江西省矿产资源开采管理条例》《江西省矿产资源总体规划（2006—2020 年）》《江西省国民经济和社会发展第十三个五年规划纲要》《江西省吉安市矿产资源总体规划（2006—2020 年）》等相关资料文件，开展相关县市的资源开发规划。制定矿山生态环境恢复治理目标、矿山“三废”排放与综合利用目标、矿山废物综合利用目标、矿山地质环境恢复治理目标等规划目标。依法划定禁采区、限采区和开采区。严禁在自然保护区、风景名胜区、森林公园、饮用水水源保护区、重要湖泊周边、文物古迹所在地、地质遗迹保护区、基本农田保护区等区域内采矿；禁止在铁路、国道、省道两侧的直观可视范围内进行露天开采；禁止在地质灾害危险区开采矿产资源；由于历史原因在禁采区已开展采矿的，需依法关闭。

8.2.1.2　资源开发环评管理

资源开发中应认真执行环境影响评价制度和“三同时”制度，对资源开发实行全过程管理。依据《环境影响评价法》和《建设项目环境保护管理条例》，对资源开发规划和资源开发项目中有关环境影响评价的内容进行重点监督，防止不符合国家环境保护法律法规，可能对生态环境造成破坏的资源开发规划和项目的立项、实施；审批资源开发建设项目要严格实行逐级备案制度，做到环境影响报告书（表）无错编、无漏审。

应制定资源开发项目生态环境监察管理办法，加强环境监察队伍的生态环境监察能力建设、制度建设和监察人员培训等工作，逐步建立资源开发建设项目生态环境监察体系。实施资源开发建设项目设计、施工、运行等全过程的生态环境监察，切实解决中小型资源开发建设项目环境影响评价执行率低和重审批轻管理的问题。

严格执行建设项目环境保护措施和竣工验收制度。对环境保护和生态恢复措施达不到国家有关环境保护规定和环境影响报告书（表）批复要求的，需责令限期整改，监察合格报告后方可验收；超过期限未整改或整改后仍不符合要求的资源开发建设项目，依法责令其停止试运行。

8.2.2 矿产资源开发监管

坚持“预防为主，保护优先”的原则。矿产资源开发应高度重视生态环境保护，统一认识，加强领导，完善制度，严格监管，切实扭转在生态环境方面边建设、边破坏，建设赶不上破坏的被动局面。矿产资源开发监管应从如下方面采取措施，建立和完善生态环境保护统一监管机制。

（1）将资源开发生态环境保护工作纳入环境保护目标责任制，对责任人定期进行考核，考核结果纳入其政绩考核内容。

（2）加强资源开发活动中生态环境保护的统一监管，建立资源开发活动的监察机制和体系。对工作中失察、失职，不报、迟报、漏报、瞒报生态破坏事件者，依法依规追究其责任。

（3）建立资源开发环境保护联合工作机制，加强与计划、财政、监察、国土、农业、水利、林业和旅游等部门在生态环境保护工作上的协调，各司其职，依法依规监管，及时制止、纠正和查处资源开发中的各种违法、违规行为，切实防止资源开发导致新的重大人为生态破坏。

（4）建立公示、举报制度，完善公众参与机制，制定有关公众参与的管理办法。加强舆论监督，对资源开发违法案件及时曝光；资源开发环境影响评价审批工作要程序公开、办事制度公开、验收前公示和验收结果公开。广泛听取社会各界对资源开发活动中环境影响监管的意见。

8.2.3　矿山环境治理和恢复

根据《矿产资源法》《环境保护法》中有关加强生态环境保护、防止环境污染的有关规定,《国务院关于全面整顿和规范矿产资源开发秩序的通知》(国发〔2005〕28 号)、《关于逐步建立矿山环境治理和生态恢复责任机制的指导意见》（财建〔2006〕215 号）等相关法律法规要求，结合江西省情及相关县市矿山环境特点，逐步建立矿山环境治理和生态恢复责任机制。组织有资质的机构对试点矿山逐个进行评估，按照基本恢复矿山环境和生态功能的原则，提出矿山环境治理和生态恢复目标及要求；同时要按照“企业所有、政府监管、专款专用”的原则，使用专项环境治理资金。财政、国土资源、环境保护主管部门要高度重视建立矿山环境治理和生态恢复责任机制的工作，切实负起责任，采取有效措施督促企业按规定提取矿山环境治理恢复保证金，确保资金专项用于矿山环境治理和生态恢复。

矿山环境治理和恢复主要措施包括：

（1）制定矿山生态恢复管理办法，责成业主根据各废弃矿山地貌特征，限期进行因地制宜的生态恢复。加强矿山生态环境的治理和保护，对已造成生态破坏和发生严重地质灾害的矿山限期整治和进行恢复治理。

（2）开展矿山生态环境综合治理，加强废弃矿山的生态环境恢复治理，全面消除因采矿产生的自然生态环境质量问题。强化水土保持，加强建设项目水土保持方案管理，将水土保持方案审批作为必备条件。推进水土保持监督执法，加强流域水土保持综合治理，遏制人为水土流失。针对废石场（含煤矸石）、尾矿库、塌陷区、崩塌、滑坡、泥石流、水土污染等矿山地质灾害进行治理，开展矿山地质灾害治理工程、矿山土地复垦工程和矿山“三废”综合治理工程，治理工程包括土地复垦工程、截排水工程，支拦（挡）工程、锚固与注浆工程、护坡工程、污水处理工程、引水工程、塌陷区建构物修复工程、采空区充填、塌陷坑回填工程、地形地貌再造等环境修复工程。

（3）建立多渠道资金来源。流域矿山环境问题点多面广，需要的治理资金巨大，因此要引进市场机制，调动全社会参与矿山环境治理的积极性，多渠道筹措治理资金。对历史上由采矿造成的矿山环境破坏而责任人有过失的，各计划部门、财政部门应会同有关部门建立矿山环境治理资金，专项用于矿山环境的保护治理；对虽有责任人的原国有矿山企业，矿山开发时间较长或已接近闭坑、矿山环境破坏严重，矿山企业经济困难无力承担治理的，由政府补助和企业分担；对于生产矿山和新建矿山，遵照“谁开发、谁保护”“谁破坏、谁治理”的原则，建立矿山环境恢复保证金制度和有关矿山环境恢复补偿机制。各地政府要制定矿山环境保护的优惠政策，调动矿山企业及社会参与矿山环境保护与治理的积极性；鼓励社会捐助，积极争取国际资助，加大矿山环境保护与治理的资金投入；支持将矿山环境治理纳入市场机制之中，通过市场的调节作用来促进矿山环境的治理，可采用招商引资办法，由出资人在一定时期内享有土地使用权，治理产生的经济效益归投资人所有。

第9章 流域生态安全管控方案

9.1　流域生态环境管理方案

9.1.1　建立协调的管理机制，明确不同部门职责，理顺部门协作关系

水生态环境保护仅靠建立封闭的自然保护区是不够的，还要依靠涉及的多个部门与周边多个行政区域的合作和协调。除环保和林业部门外，农业、水利、国土资源、建设、交通、旅游等部门也履行水资源开发、保护与管理职责。

2016 年以前，禾泸水流域管理体制存在管理部门间的权限重叠等缺陷。随着水资源利用强度的提高，各部门资源开发、利用、保护与管理职责相互影响程度也会增强，不利于流域的保护和发展。

为加强部门和区域间的协调与合作，建议通过建立协调的管理机制，明确主管部门及其职责以及相关部门职能分工，理顺部门间协作关系，形成综合协调、统一监督、分部门实施的湿地保护管理体制来对江西现行的湿地管理体制进行优化和完善，以实现可持续发展目标下的统一组织协调与分工相结合的湿地保护管理秩序。

（1）明确流域管理机构职责：在市政府的领导下，明确流域内各行政管理部门在流域管理工作中的职能和职责以及协调部门与其他相关管理部门在流域保护与管理工作中的责、权和利的关系。按照国家“三定方案”“中编办批复”等文件精神，结合禾泸水流域保护管理体制现状及其特点，确定各部门的主要职责。

（2）加强组织机构建设：为提高流域保护管理能力，流域沿线各政府应成立专门的流域保护管理机构，负责流域保护管理工作。明确分配机制，审议禾泸水生态监测报告，制定统一的禾泸水保护和利用规划，保证该规划与各部门和区域制定的相关规划协调一致，监督该规划在各部门和各区域的落实。

（3）完善管理部门协作机制：在流域行政管理职能关系或利益关系的协调方面，针对流域具体行政管理业务或事项，不同流域管理部门之间或不同行政管辖区域之间应设立行政调节与仲裁制度。流域应当成立流域保护领导小组，建立由环保局牵头的有效协调机制，组织协调禾泸水流域保护及涉及流域保护与利用管理的部门之间共同合作，协调各方利益冲突，实现各部门和区域的信息交流与共享。

（4）完善监督机制：为提高禾泸水流域保护管理工作的有效性，应构建禾泸水流域保护社会公众监督体系，并利用各种宣传方式，提高社会公众的流域保护意识，吸引民众参与到流域保护管理工作中，同时监督各个部门的流域保护管理工作成效。

9.1.2 建立实时、有效、多元化的流域管理监测体系

通过成立禾泸水流域生态环境监测总站，整合环保、农业、林业、水利、气象等部门及有关研究机构已有生态环境监测系统的优势，统一规划和管理，实现多点协同管理模式；建立流域生态环境信息网络共享平台，加快基础地理数据的更新，为自然灾害防治、生态环境研究、资源利用和管理、生态环境监测和预警等工作提供快速、准确、动态的信息服务。推动流域监测年报制度。逐步实现由监督性监测向指导性监测的转变。

9.1.3 推进生态补偿制度建设

禾泸水流域是吉安市重要生态安全屏障，流域资源、环境和生态保护对下游县区乃至整个江西省的生态安全和生物多样性保护起到了十分关键的作用。

建议建立以中央、省级和市县级财政转移支付为主体，社会补偿相结合的生态补偿机制，加大对禾泸水流域水土保持与水源涵养区等重要生态功能区的补偿力度，逐步提高生态公益林补助标准。

继续落实退耕还林还草、退田还河等政策。遵循“以失定补”原则，制定合理的补偿标准给予补偿。制订耕地质量激励计划，政府通过向农民提供激励性补贴的办法，鼓励他们采取减少农药化肥使用、秸秆回收、畜禽粪便综合利用等措施，改善耕地的环境质量。

加大生态移民财政转移支付补偿力度，通过直接资金补助、无息贷款、人才培训、产业转移、“三品一标”（无公害农产品、绿色食品、有机农产品和农产品地理标志）基地共建等方式，建立多类型、多层面的可持续生态补偿机制。

9.1.4　建立长效管理机制

通过建立禾泸水水环境保护管理相关规章制度，对保护区内生活污染治理设施进行管理，明确将流域内各乡镇、行政村生活污水和垃圾治理工作纳入乡镇、村委会工作内容中，间接督促县市、乡镇和村委会积极申报污染治理实施项目。此外，县市、乡镇和村委会可根据各村实际情况在村规民约中建立农村环境保护奖惩制度，制定环境保护评分细则，组织村民定期开展家庭环境保护工作先进性评比，并公布评比结果，对环境保护工作落实好的农户给予一定的奖励和补贴，对环境保护工作落实不到位的农户提出改进方向，并进行适当鼓励，使之自觉树立环境保护的意识。市级环保部门应会同流域内乡（镇）环保责任人根据各村实际情况，积极开展农村环境保护合作组织，建立村民代表大会制度，开设农村环境保护学校，实事求是制订农村环境保护宣传教育计划，对广大农民进行环境保护宣传教育，普及环境保护知识，引导农民逐步形成不乱倒垃圾、不乱泼污水的良好生活习惯，提高农民参与农村环境保护工作的责任感和自觉性；同时，应加强对农村基层干部环境保护的技术培训，特别要强化农民维护、管理环境保护基础设施的技能，为逐步形成“村民自治”的农村环境保护体系奠定基础。

建立资源环境绩效考核激励约束制度体系，以政府考核、公众评价和社会评价为监督考核主体，把资源环境绩效考核作为地方党政“一把手”和相关职能部门负责人任用、奖惩的重要依据。探索编制自然资源资产负债表，建立生态环境损害责任终身追究制。对发生破坏生态红线或其他生态环境损害的重大事故，造成恶劣影响的，实施环境绩效考核“一票否决制”。

9.1.5 积极筹划多元化投入机制，建立流域生态环境保护资金机制

通过多种渠道，采取投融资模式，按照“谁投入、谁受益”原则，加大流域的生态环境保护资金投入的保障力度，形成中央引导、地方配套，带动企业和社会资金的融入，逐步形成中央投入为辅、地方投入为主的良性投资机制，保障多方投入、多方受益的环境投融资机制的形成。

9.1.5.1 设立流域保护基金，纳入市级、县级财政年度预算

各相关部门将湿地保护的内容纳入本部门专项规划，并为湿地保护提供资金支持。流域保护基金可由以下几部分组成：①历年征收的超标排污费和排放污水费中用于污染源治理的资金；②每年积累的污染治理资金；③基金贷款利息、超期贷款罚息、滞纳金等，扣除按国家规定支付的手续费外其余部分的资金。

9.1.5.2 积极吸纳社会慈善基金

充分利用广播、电视、报刊、网络等媒体手段，在全社会开展多层次、多形式的村庄环境整治的舆论宣传和科普宣传，按照“政府引导、部门扶持、农民自愿、老板捐赠”的方式，争取和鼓励各种社会慈善基金用于流域保护。

9.1.5.3 积极争取国家、省市其他资金支持

通过全国流域保护工程规划，争取加大国家财政的资金支持力度。

9.1.5.4 加强与各类科研院所、高校和公司合作，筹措资金

积极开展各类合作项目，向社会宣传流域保护的重要性，展示流域保护的成果；寻求对流域保护感兴趣的各类科研院所、高校和公司的公益性捐赠（包括科研、资金等各方面）。

流域保护是一项长期的艰巨任务，只有建立了可持续的投融资机制才能保证获得稳定的、持续的资金。

9.2　完善环境监测体系

目前，禾泸水流域尚未形成完善的湿地资源调查、监测体系；缺乏常态化的监测部门、技术手段和装备，缺乏对湿地生态系统变化、生物多样性变化的系统监测；水质监测布点的数量、监测频率不够，无法建立水质模型。针对监测能力不足的问题应采取以下措施：

（1）以保障饮水安全、防控污染风险为重点，优化水质监测断面布局，增加监测指标及监测频次，完善水环境监测体系和水环境执法监督体系，重点水域水质实现自动监测。

（2）强化环境日常监督管理能力，重点加强流域控制断面及沿河重点污染源的监测；加强重点污染源在线监测。

（3）强化流域生态安全管理能力建设，以库区为重点，强化叶绿素 a、浮游植物、浮游动物等生态学指标监测能力建设；加强重金属、有毒有机污染指标监测能力建设；加强典型区农业面源污染监测能力建设。

（4）强化流域事故性监控预警能力建设，加强高危风险源调查排查与监控，加强流域事故性预警模拟能力建设。

（5）建设基于 GIS 的生态环境保护综合地理信息系统，系统包括环境规划、环境监测、水环境预测、评价、污染源管理、生态保护、环境应急预警预报等子系统。

9.3 流域环境管理能力建设

9.3.1 饮用水水源地规范化建设与管理能力建设

9.3.1.1 完善饮用水水源保护区规划

目前流域范围内还有很大一部分饮用水水源地未划定为保护区，应进一步开展饮用水水源保护区普查，科学合理地划定和调整饮用水水源保护区。

开展土壤和地下水污染现状、污染成因调查和评价，建立污染源台账，制定环境质量监测制度，明确污染优先控制区域及控制对象，进行污染风险评价、安全区划及污染防治规划，制定城市和农村水源地保护规划。

9.3.1.2 加强污染综合防治，开展流域综合治理

以小流域为单元，强化水源地、涵养区以及山区丘陵等自然生态系统的保护与建设，构筑"三道防线"，建设生态清洁小流域，实施污水、垃圾、厕所、河道、环境5项同步治理。

加强农村污水治理，建设农村污水处理设施。优先考虑再生水回用于农业灌溉。加强垃圾管理，对垃圾及废物进行收集、运输、储存和处理。大力推进农村改水、改厕、改圈、改厨，解决"脏、乱、差"，改善农村环境卫生条件。

引导农民科学使用化肥、农药，禁止使用高毒、高残留化学农药，大力发展生态农业和有机农业。推广测土配方施肥、节水灌溉技术及病虫、草害生物防治技术。鼓励秸秆还田和秸秆气化、青贮氨化、发电、养畜等综合利用。实施规模化畜禽养殖场的废水、废物处理，推进乡村工业结构调整，推广清洁生产技术。加快污染治理和工业企业调整搬迁，优化产业结构。

开发整理土地，实施绿化造林，修复废弃矿山生态，封山育林。

9.3.1.3　完善饮用水水源地保护制度，加强水源地监管

完善地方法规标准体系，建立饮用水水源地保护与执法监督管理制度，强化监管能力建设，加大执法监管力度。建立饮用水水源地管理机构，可由乡镇水务站、农村水管员或聘请特约监督员开展监督检查。

严把环境准入关，强化环境影响评价制度。加快实施排污许可证制度，依法规范取水和排水行为。制定禁止类、限制类、鼓励类产业发展名录。依据环境容量科学确定污染物总量控制指标，落实污染物总量削减计划，将总量削减指标分解落实到重点排污单位。实施最严格的总量控制制度、定期考核、公布制度和“三同时”制度。进一步强化排污许可证的发证与管理工作。排污企业必须申请领取排污许可证并按照规定进行排污申报登记。

建立健全环境执法与监督管理体系，依法追究责任，加大执法力度。坚决惩处各类违法排污行为，严格清理整顿违法排污企业。坚决取缔饮用水水源地一级保护区内的工业排污口，关闭饮用水水源地二级保护区内的直接排污口。严防养殖业污染水源，禁止有毒有害物质进入饮用水水源保护区。

建立健全饮用水水源保护区突发污染事件预警体系和应急反应体系，定期检查掌握饮用水水源环境与供水水质状况，建立饮用水水源水质定期信息公告制度。开展农村供水饮用水水源地保护，设立饮水安全标志，依法查处涉及饮用水安全保障方面的案件。

建立健全饮用水安全保障体系和应急机制，在特殊情况下及时启动应急预案或城乡供水联合调度方案。

9.3.2　流域环境监测能力建设方案

9.3.2.1　实验室标准化建设

结合流域的实际，对照《环境监测站建设标准》中的三级站标准，按照“分步骤、有重点”原则推进设区市、县级环境监测站标准化能力建设。结合各地监测工作的实际需要，在 5 县（市）、1 区环境监测站现有能力、仪器装备水平的基

础上，采取填平补齐方式，补充各实验室应急监测仪器设备、重型防护装备、流动监测车辆改装等；更新部分性能已老化、面临淘汰的老旧仪器设备，配齐缺失监测仪器设备。

另外，努力建设水质自动监测站、野生动植物及湿地生态监测点、重点污染源在线监测系统等，同时，加强生态环境监测、生态环境监察、信息、宣教、环保科技应用研究及林业生态监测等建设。

9.3.2.2 专业人员的配备和培训

1）目标任务

对监测人员进行不定期培训，使他们深刻地理解仪器的工作原理，能够熟练地操作所有仪器设备，达到规定的专业水平、能力指标和思想高度。

2）实施原则

更新知识，提高能力。坚持以能力建设为核心，紧跟相关科学技术发展前沿，加快县（区）生态环境部门专业技术人才知识更新的步伐，着力提高专业技术人才的科技水平和创新能力。

结合实际，按需培训。按照现代科学技术发展的实际需要，紧密结合县（区）生态环境部门专业技术岗位的特点，统筹规划，分类实施，增强专业技术人才培养工作的针对性和时效性。

突出重点。根据该项目的性质，培训内容以检测技术和监察能力建设为主，促进知识的全面掌握和能力的全面提高。

3）培训方式

（1）集中培训。组织有关工作人员进行一定时间的继续教育集中培训。

（2）网络、远程教育培训。依托现有培训资源，充分利用网络等现代化教育手段，对专业技术人才进行继续教育培训。

（3）自学。根据自身情况，可采用自学、自修的方式进行个性化的继续教育培训。

9.3.2.3　环境应急监测能力建设

参考国家环境突发事件应急监测项目仪器设备配置，结合《全国环境监测站建设标准》及建设项目城市当地应急监测有关情况，为建设范围内城市监测站补充部分水、大气应急监测仪器设备。建立环境应急监测基础数据库和专家库。由一定数量的经验丰富的专家组成应急专家组，为相关污染事件的应急监测提供技术指导。

9.3.3　流域生态功能保护区管理能力建设

9.3.3.1　管理机构与队伍建设

加强管理机构建设。适时推进各种市县级自然保护区规范化管理，逐步解决管理机构缺失、管理人员数量不足等问题。

9.3.3.2　人才培训体系建设

自然保护区基层专业技术和相关管理人才整体素质良莠不齐，严重制约了自然保护区管理水平的提高，亟待对保护区基层工作者进行培训。以提高自然保护区管理有效性为目标，通过整合资源，建立分层次、分类别、多形式的培训体系和科学规范、合理配套、高效运转的培训机制，全面提高自然保护区管理人员的思想政治素质、组织管理能力、业务技术水平和开拓创新能力，推动自然保护区事业的健康发展。

9.3.3.3　基础保护设施建设

参照《国家自然保护区规范化建设和管理导则（暂行）》，根据自然保护的级别、面积、重要程度等因素，确定自然保护区管理工程、宣教工程、科研监测工程等建设标准。

（1）管理工程，包括保护站点、保护设施、巡护设施设备、防火设施设备等。

（2）宣教工程，包括自然保护区内的宣教中心（站、点）基础设施建设、标本陈列设施设备、电教设施、宣传牌、宣传栏等。

（3）科研监测工程，包括简易实验室及其仪器设备、本底资源调查设备、监测样点设置及监测设施设备、科研档案管理设施设备等。

（4）办公及附属设施工程，包括保护区管理机构办公场所及办公设备、配套生活设施、局部道路建设等。

对迫切需要进行小规模生态恢复工程的保护区，规划时将生态恢复和重建工程内容一并纳入保护区建设内容。

9.4 流域环境综合管理政策

9.4.1 建立健全资源有偿使用制度

9.4.1.1 完善自然资源有偿使用制度

禾泸水流域有丰富的自然资源，国家对各类资源实行许可制度和有偿使用制度，通过征收税费实现自然资源的价值。由各类自然资源的行政主管部门负责批准许可和收费。对流域生态影响较大的或者流域资源开发利用的项目，其投资或者利润的一部分应用于湿地保护和恢复。开展流域生态旅游、对流域中的生物资源进行开发（药用或者食用），或者在流域附近利用景观进行房地产开发或者建设宾馆、餐馆，其收入（如公园门票及其他收费）的一部分用于流域保护。

9.4.1.2 完善水资源有偿使用制度

坚持使用资源付费原则，完善禾泸水流域水资源有偿使用制度，逐步建立反映资源稀缺程度、环境损害成本的水资源定价机制。制定不同地域、不同行业的地表水、地下水水资源费征收标准。水资源费应包含水源地及调水工程沿线开展生态补偿所需费用。

禾泸水流域水资源较丰沛，水资源承载力强且水安全状况好。建议在该地区开展水权交易试点，探索建立涉及水权交易机制、流程设计、交易结果认定和权益保障等制度，搭建跨区域水权交易平台。

9.4.1.3 完善跨界水环境补偿机制

坚持“谁受益、谁补偿，谁污染、谁付费”原则，一方面，生态环境和自然资源的开发利用者要承担资源环境成本，履行生态环境恢复责任，当造成超出阈值的环境污染时，应赔偿相关损失，支付占用环境容量的费用；另一方面，生态保护的受益者有责任向生态保护者支付适当的补偿费用。在此基础上，当上游地区出境水质优于跨行政区交界断面控制目标时，下游地区有受益补偿的责任，下游地区应对上游地区实施补偿；当上游地区出境水质劣于跨行政区交界断面控制目标时，上游地区有为污染付费的责任，上游地区应对下游地区实施赔偿；当上游地区出境水质达到跨行政区交界断面控制目标时，互相不予补偿。

9.4.2 推行禾泸水流域“河长制”

根据吉安市河道水系及管理体系，实施按河道级别和河道所在地相结合的多级“河长制”。

9.4.2.1 “河长”设置

（1）禾水和泸水主要干流由市委、市人大、市政府和市政协领导担任一级“河长”；沿线各区、县（市）主要领导担任二级“河长”，为属地水环境治理的第一责任人；沿线乡镇（街道）主要领导担任三级“河长”。

（2）上述范围以外河道，包括河流所在区、县（市）领导担任一级“河长”，沿线乡镇（街道）领导担任二级“河长”。

（3）乡镇（街道）可以根据河道实际，确定村（居）级“河长”或河道管理专职协管员。

“河长”名单要通过当地媒体向社会公布，并在河岸显要位置设立“河长”公示牌，标明“河长”职责、整治目标和监督电话等内容，接受公众监督。

9.4.2.2 职责分工

1）组织协调机构

禾泸水流域“河长制”工作在吉安市领导小组统一领导下开展，领导小组办公室（简称水城办）负责指导、监督流域“河长制”管理工作；根据流域“河长”提供的河道“一河一策”治理方案，负责拟订分年度实施计划；负责制定考核管理办法，并根据流域“河长”监督考核情况，定期公布考核结果。

各区、县（市）成立相应工作机构，负责组织推进所辖行政区域内河道水环境综合治理工作，并将本级“河长制”实施方案及“河长”名单报市水城办备案。

2）“河长”职责

“河长”负责牵头开展所负责河道的水环境治理工作，主要职责：了解掌握河道水环境基本情况，形成“一河一档”；研究制定河道水环境治理措施，形成“一河一策”；监督指导相关责任主体和有关部门履行职责，推动实施转型升级、截污纳管、河道整治、生态修复等水环境治理工作；协调处理河道水环境治理等重大问题。

9.4.2.3 考核管理

各级“河长”对所负责河道各项治理任务的落实情况进行监督考核，考核采用定期考核、日常抽查和社会监督相结合的方式进行。考核结果纳入各级政府年度工作目标责任制内容，并与各责任主体行政负责人实绩挂钩。对工作成绩突出、成效明显的给予表扬；对考核不合格、整改不力的实行行政约谈、通报批评等措施，并作为干部选拔任免的重要依据。

9.4.3 实施领导干部自然资产离任审计制度

在区域内全面推行资源环境绩效考核，将资源利用效率、环境质量、生态效益等纳入政府领导干部考核体系。围绕领导干部履行自然资源资产管理和生态环境保护责任情况开展审计试点，在具体审计试点中，一方面，要揭示自然资源资产管理开发利用和生态环境保护中存在的突出问题以及影响自然资源资产和生态环境安全的风险隐患；另一方面，要界定责任、强化问责，促进领导干部树立正确的政绩观，推动领导干部守法、守纪、守规、尽责，切实履行自然资源资产管理和生态环境保护责任，促进自然资源资产节约集约利用和生态环境安全。

9.4.4　推广产排污权交易制度

在禾泸水流域全面推广排污权有偿使用和交易制度，发挥市场机制在污染减排中的作用。坚持促进环境质量改善的原则，各地初始排污权分配总量不突破区域总量控制目标。学习总结外省市碳排放交易经验，逐步推广碳排放权交易。

9.4.5　强化环评管理体系，建立环评审批联动机制

推进禾泸水流域规划环境影响评价（以下简称环评），强化和落实规划环评中跟踪监测与后续评价要求。严格执行环评制度和污染物排放总量控制挂钩，把新建项目总量审核与所在地区减排计划完成情况挂钩，实施“等量置换”“减量置换”；将总量指标落实情况与新建项目环保“三同时”验收挂钩，对超总量项目，无论项目大小一律暂缓验收。

推进环境监理试点。环境监理是在建项目落实环评要求的有效手段，也是提高治污设施建设水平、控制施工扬尘污染的重要举措。建议逐步推广环境监理试点，严格落实环境监理与环评审批、试生产及竣工验收联动机制，提升治污设施建设水平。

9.4.6　完善水生态功能区管理制度

“十二五”期间，推动我国最严格水资源管理制度加快落实，水生态文明建设深入推进。水资源管理“三条红线”控制指标基本实现省、市、县三级行政区全覆盖，年度考核工作扎实开展。“十三五”期间，我国进一步落实最严格水资源管

理制度，全面完成 53 条跨省江河水量分配任务，积极开展水资源承载力评价和监测预警能力建设，加快国家水资源监控能力建设。

因此，通过不断完善禾泸水流域水功能区分级分类管理制度，积极推进城乡水生态文明创建，加快重点区域水土保持工程建设和生态修复，保证流域水功能区水质达标率提高到 80%以上，新增水土流失综合治理面积 3 万 km^2，地下水超采得到严格控制，水生态系统稳定性和生态服务功能逐步提升。

第10章

组织实施计划与保障措施

10.1　组织实施计划

10.1.1　组织实施

由于方案实施涵盖工程多，牵涉面广，涉及环保、林业、水利、国土、规划等多个部门，以及安福、永新、吉安、泰和等多个县级行政区。过去，虽然禾泸水流域环境污染问题采取了一系列措施，但由于涉及多区域、多部门，行政管理部门或者出于自身利益不配合、或者出于短期经济效益的考虑，对污染现象采取包容态度；或者由于责权利的不清楚，部门间或区域间相互推诿责任，造成有令难行的局面。

因此，有必要设置禾泸水流域水污染防治实施方案领导小组和管理办公室对方案实施进行长期的领导和协调。建立禾泸水流域水污染防治实施方案编制机构与方案实施的组织机构，落实项目的管理主体、建设主体，依据上级要求，层层落实分工，实施项目责任制，确保分工到位、责任到人。

10.1.2　项目招投标管理

禾泸水流域水污染防治实施方案涉及众多项目，项目管理均实行项目法人制、招投标制和工程监理制，对建设项目的勘察、设计、施工、监理以及重要设备、材料全部采用招投标方式进行。为维护建设市场秩序，保护国家和人民利益，保证项目的顺利实施，流域施工单位的选定和物资采购等均应严格按照《招标投标法》的规定执行，制定招标方式，并严格按照招标文件所规定的时间、地点开标，做到公平合理。

10.1.3　项目资金管理

实行资金管理制度。按照中央及省级生态环境保护项目专项资金管理的有关要求，规范资金的管理和使用，不截留、挤占、挪用专项资金，并根据工程进度及时进行报账。项目资金严格按照审批工程建设内容专款专用，不挤占、挪用和浪费，保证资金及时到位，工程按时保质保量完成，定期对项目资金使用情况进行审计，确保管好用好项目资金。企业的中央资金申报按照银行贷款贴息和入股方式开展。

10.2 长效机制

10.2.1 设立组织与协调管理机构

由于总体方案实施过程复杂，涉及面广，往往涉及大量的截污控污、搬迁污染企业、土地征用等大量的依托条件、依托工程等前提条件，需要城市规划、建设、环保、水利、园林、旅游等多个部门的配合和支持。因此，需要一个管理主体来协调各方的关系和利益，为流域整治顺利进行提供条件和保障。因此，在方案实施中应立足于流域环境治理任务的长期性、复杂性、技术性和实践性特点，建立专门的管理机构和省级领导小组，为促进治理措施实施和运行管理相衔接，通过业主的资本投入和经营管理，以技术资产和管理的组合为纽带，运用市场手段将资产、管理、技术、人才等生产要素优化配置，促进技术迅速转化为生产力。

实行工作调度联席会议制。按照确定的目标、任务和重点工程以及向各单位布置的工作，对工作的进展情况进行调度，总结经验教训，研究解决问题，督察工作抓实抓透，按时完成，从而加强区域、部门统筹协调，排除上、下游和邻近地区各自为政的障碍。联席会议的主要任务是统筹流域水环境综合治理的各项工作，监督治理方案及相关专项规划的制定和实施，细化职责分工，分解落实流域水环境综合治理的各项任务和政策措施。定期评估治理方案执行情况，通报流域水环境综合治理工作进展情况，协调解决流域水环境综合治理重大问题和跨界的水环境纠纷，全面促进流域水环境综合治理能力的增强，努力建立流域水环境综合管理的长效机制。

10.2.2　调整产业结构，提高环保审批门槛

加快开展流域产业结构的调整步伐，加快落后产能的淘汰来转变经济发展方式、调整经济结构、提高经济增长质量和效益，以加快节能减排，坚持环境友好型的发展模式，走中国特色新型工业化道路。加快产能过剩行业结构调整、抑制重复建设、促进节能减排政策措施的实施，完善落后产能退出的政策，提高新入驻的环保审批门槛，避免承接东部沿海转移淘汰落后产能。充分发挥市场的作用，采取更加有力的措施，综合运用法律、经济、技术及必要的行政手段，调整流域的产业结构，并进一步建立健全淘汰落后产能的长效机制，确保按期实现淘汰落后产能的各项目标，大力推进产业结构调整和优化升级，走清洁生产、节能减排、循环经济、低碳环保的发展道路。这是禾泸水流域生态环境保护中一种釜底抽薪式的长效机制。

10.2.3　出台相应的流域保护经济政策

针对禾泸水流域的主要生产模式、生活方式，流域沿线各人民政府需出台相应的在流域生态环境保护上具有明确奖罚措施、强制约束性与生态补偿并重的制度，对敢于尝试利于流域生态环境保护的企业或个人在银行信贷、市场准入、检疫、产品补贴、企业注册绿色通道等经济政策方面给予一定程度的倾斜，鼓励民众广泛参与禾泸水流域生态环境保护工作，推动流域生态环境保护的重要长效机制。

10.2.4　实施项目法人制

实行项目管理制度。项目管理部门对项目进行规范化管理，定期监督考核、落实项目运行维护管理制度，层层落实责任制，保障项目的正常运行。通过实行项目法人制，明确和规范项目实施主体及参与项目各方的责、权和利。地方政府提供政策保障，规范市场运作行为，并赋予业主单位相应经营权和收益权，如通过工程承包、取水收费等方式，由业主单位组织科研单位、工程实施单位和工程

监理单位按照规范要求，组织工程建设、维护和管理。业主单位在项目实施过程中，对地方政府负责，承担风险，产生效益。业主享受由此带来的收益，达到建、管有机结合，将流域环境质量改善和长效管理纳入市场经济的轨道。

10.2.5 明确责任追究和绩效考核机制

各相关单位按照要求，制定本区域的工作方案和计划，并与市政府签订工作目标责任状，明确目标、任务、时限、效果等，落实责任，每一项任务都落实到具体单位，按照“工作项目化、项目目标化、目标责任化”的要求，层层签订责任状，把工作任务层层分解落实到县，直至各具体工作责任人，形成一对一负责、环环相扣的责任目标保证体系。将规划相关指标纳入各级政府和领导干部政绩进行年度考核。

依据项目绩效，建立年度绩效考评制度，对成绩突出的单位和个人给予表扬，对行动迟缓、工作不力、未完成任务的给予通报并追究责任。加强方案实施的环境监测监督、建立规划中期评估与滚动修编机制。

10.2.6 建立长效机制的管理制度

流域沿线各级政府通过出台相应的政府文件，来保障长效机制的长久有效和相关管理责任主体的政策连续性。

10.2.6.1 坚实的立法

近年来，吉安市人大常委会相继出台了《关于规范水库养殖行为 加强水库水质保护的实施意见》《关于加强吉泰走廊生态保护的决议》等管理办法，划定河湖水系生态保护范围，合理划分水体的禁建区、限建区，为流域水资源保护、水环境治理奠定法律基础。同时根据建设水生态文明城市的要求，重点加强了水生态保护，大力实施包括城市、乡村在内的水环境整治。

10.2.6.2 稳定的管理机构

可设置禾泸水流域类管委会等方式的特色行政管理，提高流域内污染防治与环境应急响应能力，着力提高执法监管能力。

10.2.6.3　保护中有序开发，开发中合理保护

建立“社会-自然-经济生态系统”良性循环模式，不片面追求开发与短期经济效益，也不片面狭隘地保护，需在保护中有序开发，在开发中合理保护，并形成自然保护有力，经济发展持续强劲、出奇制胜的生动格局，这是流域得到长期有效保护的一种有效的管理机制。

10.2.6.4　流域生态补偿方案的制定与实施

对禾泸水流域上游限制开发区和饮用水水源地保护区等重要功能区进行保护，需在流域尺度，建立上下游生态补偿机制，有力引导上游科学的产业布局。

10.2.6.5　公众参与

政府有关部门要认真执行有关环保政策法规、建设项目审批、环保案件处理等政务公告制度，建立信息发布制度，对涉及公众用水和环境权益的重大问题，要履行听证会、论证会程序。推进企业环境信息披露，公布流域内重点污染企业污染排放情况。维护广大公众环境知情权、参与权和监督权，调动广大群众参与治污的积极性。

充分利用电视、广播、报纸和网络等新闻媒介，发挥其舆论监督和导向作用，增强企业社会责任，形成流域内合力共同推动禾泸水流域水污染防治工作的良好社会氛围。加大宣传教育力度，将禾泸水流域水环境保护有关内容列入流域地区的中小学教育内容，增强公众环境忧患意识，倡导节约资源、保护环境和绿色消费的生活方式，形成保护禾泸水流域水环境的良好风尚。

10.3　保障措施

为实现方案目标和任务，应建立政府主导、市场推进、公众参与的流域水污染防治综合治理机制，重点解决综合决策、区域协调、管理体制、投融资及政策保障等方面的突出问题。

10.3.1 健全体制，明确落实责任主体

建立高效、精干、有力的组织机构负责禾泸水流域水污染防治总体方案的实施管理，成立具有综合职能的环境保护管理机构，并赋予该机构在流域内实施管理、协调执法的职能。实行社区共管，规划区内各级政府对本辖区内生态环境质量负责，部门对本行业和本系统生态环境保护工作负责。坚持“谁开发、谁保护，谁破坏、谁恢复，谁使用、谁付费，谁受益、谁补偿”的原则，规范各种经济社会活动，把资源开发对生态环境的破坏减小到最低程度。明确资源开发单位、法人的生态环境保护责任，实行严格的考核、奖惩制度。

建立生态保护和重点生态建设项目的生态审计制度，对领导干部任期内的生态环境质量变化情况和重点生态建设项目的生态效益进行综合评定，审计通不过的，领导干部不得提拔重用；生态环境质量严重恶化的，要追究决策失误责任；生态建设项目造成生态破坏的，要追究项目负责人的责任。

10.3.2 创新机制，完善相关配套政策

发展循环经济和清洁生产，以流域主体功能区划分为依据，调整产业布局，引导各级各类开发区开展生态园区和循环经济建设。对流域内所有污染物排放不能稳定达标或污染物排放总量超过核定指标的企业以及使用有毒有害原材料、排放有毒有害物质的企业实行强制性清洁生产审核，并向社会公布企业名单和审核结果。鼓励工业企业开展循环经济建设和清洁生产审核工作，重点扶持建设一批污染物“零排放”的示范企业和园区。

严格执行国家产业政策，不得新上、转移、生产和采用国家明令禁止的工艺和产品，严格控制限制类工业和产品，鼓励发展低污染、无污染、节水和资源综合利用的项目。对淘汰企业用地复垦增加的耕地实行与新增建设用地指标挂钩政策。对不能按时完成淘汰落后产能的地区，实行新建项目“区域限批”。同时积极推进规划环评和区域环评工作。

10.3.3　加大投入，形成多元化投资格局

加大政府投入，把环境保护投入作为公共财政支出的重点方向并逐步增加。基本建设投资向环境保护倾斜，保障环境保护重大项目的建设。加大对污染防治、生态保护和环境公共设施建设的投资，把环保部门工作经费纳入各级财政支出预算，切实提高环保机构经费保障程度。

完善环境经济政策，实施“绿色信贷”，依法推行绿色税收调节机制，运用税收杠杆促进资源节约型、环境友好型社会的建设。

实行政府绿色采购，对不遵守环境保护法律、法规，不履行环境保护责任和义务的企业，其产品不得列入政府采购目录。

完善生态补偿政策，建立生态补偿机制，坚持“谁开发、谁保护，谁破坏、谁恢复，谁受益、谁补偿”的原则，探索实施禾泸水上下游间的生态补偿机制，为流域上下游生态补偿机制的构建提供新的模式。

征收城市污水、生活垃圾处理费，保证治理设施和收储设施正常运行。加大排污费征收和稽查力度，进一步完善排污收费制度。加快建立统一开放、竞争有序的环保公用事业市场体系，鼓励各类企业参与环保基础设施建设和运营，推进污染治理市场化。建立生态环境保护支持机制，制定有利于禾泸水流域生态建设的环境保护奖励政策，对环境保护成效显著的县（区）、乡镇进行奖励。

10.3.4　强化监管，严格环保执法监督

加强水质监测能力，为流域内县（市）骨干监测站重点配备一些分析有毒有害污染物的监测仪器设备，县级站重点补充必要的仪器设备，使县级以上环境监测机构达到标准化建设水平。优化流域监测断面点位，建立流域水环境监测体系，形成完整的流域监测网络，实现流域饮用水水源地、跨界断面水环境质量和重点排污企业、污水处理厂排水水质的全面监控和同步监测。

提升监察能力，强化水污染源监控能力。对流域内市县级环境监察队伍补充

交通、取证、通信、快速反应等必要的执法装备，使流域内监察机构达到标准化建设水平。流域内重点工业污染源和污水处理厂进出水应统一安装在线监控装置，并按要求与环保等部门联网，做到实时监控、动态管理。

强化监督执法，研究制定更加严格和更有针对性的地方性环境保护规范。加强监督执法能力建设，提高执法人员队伍素质，完善联合执法，提高执法效率。严格依法行政，加大环境执法力度。按照权责明确、行为规范、监督有力、高效运转的要求，明确执法责任和程序，提高执法效率，强化执法监督，坚决做到有法必依、执法必严、违法必究。建立市、县两级环境监管联动机制，继续清理整顿违法排污企业，加大对环境违法企业的打击力度和环境处罚的执行力度，重点解决执法成本高、守法成本高和违法成本低的问题。

10.3.5 加强研究，科学支撑综合决策

加强禾泸水流域社会经济发展与水环境保护综合研究，为流域水污染防治和水环境保护提供决策支持。研究流域内农业面源的水污染影响及控制措施，选择代表性区域进行试点示范。研究区域循环经济、主要污染行业清洁生产的技术支撑体系；深入研究流域水环境容量，研究建立水污染物容量总量分配技术与管理体系，为排污许可证管理提供技术支持；开展流域上下游之间生态补偿机制的研究。开展生态监测及动态分析，及时掌握生态环境状况和变化趋势。依靠江西省环境保护科学研究院的优秀团队，积极与国内高水平科研机构开展合作，在禾泸水流域生态环境综合调查、点源及面源控制、流域水生态修复与流域生态治理、产业结构调整以及管理机制等方面展开研究，为禾泸水流域水环境综合治理提供科技支撑。

建立经济社会发展与生态环境保护综合决策机制。在制定重大经济技术政策、社会发展规划、经济发展计划时，充分考虑流域生态功能。对可能造成生态功能破坏的，严格评审，坚决禁止，对生态功能重点生态敏感区的开发建设活动，开展环境影响后评估制度。